红茶小时光

（韩）李裕真 / 著

李梦娇 / 译

全国百佳图书出版单位

化学工业出版社

·北京·

给自己一个温暖的茶时光，享受一个人沉淀心灵、忙里偷闲的独乐时刻吧。

作者以美好的文字和图片，带领我们走进温馨恬静的茶时光，了解更多的红茶、茶具和茶文化，关于好喝的红茶品牌、有爱的红茶故事、红茶手作的美好日常，还关于红茶馆的旅行、红茶的幸福时光……

300多幅文艺茶时光图片、15个红茶贴士、14种红茶私家配方，让你学会如何设计茶时光，享受忙里偷闲的独乐时刻。美感十足，信息量丰富。

오후 4 시, 홍차에 빠지다 ©2011 by Lee Yoo Jin

First published in Korea in 2011 by Nexus Co.,Ltd.

Through Shinwon Agency Co.,Seoul

Simplified Chinese translation rights ©2020 by CHEMICAL INDUSTRY PRESS

北京市版权局著作权合同登记号：01-2020-1789

图书在版编目（CIP）数据

红茶小时光／（韩）李裕真著；李梦娇译．-- 北京：
化学工业出版社，2020.3
ISBN 978-7-122-36030-4

Ⅰ．①红…　Ⅱ．①李…　②李…　Ⅲ．①茶文化 - 韩国
Ⅳ．①TS971.21

中国版本图书馆 CIP 数据核字（2020）第 005172 号

责任编辑：丰　华　王丹娜　　　　文字编辑：杨　阳　刘士伟
责任校对：王　静　　　　　　　　装帧设计：八度出版服务机构

出版发行：化学工业出版社（北京市东城区青年湖南街 13 号　邮政编码 100011）
印　　装：天津图文方嘉印刷有限公司
787mm×1092mm　1/16　印张 15　字数 285 千字　2020 年 8 月北京第 1 版第 1 次印刷

购书咨询：010-64518888　　　　　售后服务：010-64518899
网　　址：http://www.cip.com.cn
凡购买本书，如有缺损质量问题，本社销售中心负责调换。

定　　价：68.00 元　　　　　　　　　　　　版权所有　违者必究

 自序

沉醉于红茶小时光

　　无论是谁，只要下了决心都可以写书，但在出版提案出来的一刹那，不知怎的，我反而呆住了。当时连能站得住脚的题目都没有，很多内容也不完善，所以收到这样的提案，使我喜忧参半。深思熟虑之后，我鼓起勇气决定迈出第一步。一路上的已知和未知自己慢慢体悟，正是由于对传播红茶文化具备的使命感，并且总是有那么温暖的期待的眼神以及博客上颇高的人气支持，我才能克服重重困难最终完成了这本书。

　　大约在十年前，我邂逅红茶之后就迷上了它。直到现在，不仅是红茶，所有茶都以它们难以抵挡的魅力深深地吸引着我，每日与茶互相亲吻着，深邃而醇厚。沉醉于品茶时光里，我仿佛寻到了生活的从容和自己真实的模样。这也许就是我一直寻而不得的生活状态，慢慢的，悠悠的，真实却有吸引力。无论是当初热衷于博客，还是打算开始写这本书，理由只有一个——我想让那些对红茶一无所知的人，能够很容易地理解红茶，并且发现红茶那神秘得让人难以

捉摸的魅力，更希望他们能够感受到快乐与幸福。虽然我不确保这本书有如此大的魅力，但总希望大家能从中体悟到点什么，哪怕只有一点点。

红茶、绿茶还有花草茶都是很好的茶。在这样紧张而又快节奏的生活中，能够驻足片刻，让自己稍加沉淀，稍作整理，是比想象中更难的。自由从容是必不可少的，但对于那些不知从何时何地着手，去寻找那一丝娴静的人，早上给自己十分钟的饮茶时间也是不错的选择。给自己沏一杯红茶，然后接下来的每一天不断更换新的红茶，这样在了解了成百上千种红茶之后，还会有谁能抵挡住红茶的魅力而不迷恋她呢？我就是这样恋上红茶的。

对总以忙为借口，从不会停下片刻来整理自己的丈夫，我也只有无休无止的感谢和抱歉。像我丈夫这样，始终给妻子以支持和认可的男人，我相信并不是很多。能够遇到这个男人，是我人生中最幸运的事。更确切地说，丈夫是我所有幸福的源头。很幸运，与幸福邂逅！还有，现在真的很感恩，作为女儿，能够有机会与母亲享受美好的下午茶时光。日后若母亲看到这本书，希望她能够引以为傲，希望这本书也能历久弥新，传达出我所有的感情！

想想心里还真不是滋味。含辛茹苦、任劳任怨、为这个家竭尽全力的母亲，强健的弟弟，还有仿佛一刻都不曾离开、一直守护着我们的父亲，都是这世上我最爱的人。另外，真的很感谢对整天忙于工作、无暇顾家的儿媳妇百般包容，并始终给予鼓励的公公婆婆，都这么大年纪了，还为我们费心。

如果这本书能够顺利出版，一定要感谢我们的红茶四人组的另外三个姐妹——美玲，惠善，美妮；还有一直支持我的美妍和揆珍；很幸运能够结识的静娥，像亲姐姐一样的良熙姐姐，漂亮的恩娥和恩佳妹妹；虽然很久没见，但见了面依旧那么亲切的小学时期的朋友们——宝妍、淑炫和正善；因酒结缘的民淑、华石夫妇，以

及在釜山最好的朋友英纯和设娥。所有的好友无法一一罗列，但是要感谢的人真的很多。

最后还要感谢给我这次出版机会的出版社，以及爱好红茶的人们。

李裕真

目录

第二杯红茶　吐露朴素的爱：茶故事

第三杯红茶　填满我的日常：茶生活

认识红茶

Bonjour!

什么是红茶

　　绿茶、白茶、黄茶、红茶、青茶（乌龙茶）、黑茶（以普洱茶为代表）等都是由茶树的叶子制成的茶。绿茶和红茶虽然看起来差别很大，但都是由相同的茶叶制成的，而不是大家普遍认为的是由两种不同的茶叶制成的。根据发酵程度和制茶过程不同，最终形成了两种"画风"不同的茶叶。绿茶与红茶的比较如下。

　　绿茶（未发酵茶）：采摘—杀青—揉捻—干燥

　　红茶（发酵茶）：采摘—萎凋—揉捻—氧化发酵—干燥

　　绿茶经过杀青过程，破坏了鲜叶中酶的活性，阻止了多酚类物质的氧化红变，所以呈绿色。红茶没有经过杀青，而是在经历氧化发酵过程之后，茶叶变成了褐色或黑色。通过发酵过程，不仅茶叶的颜色发生了变化，味道和香气也会随之变化。

红茶的分类

根据茶叶配料分类

纯红茶（straight tea）：大吉岭（Darjeeling）、阿萨姆（Assam）、乌瓦（Uva）、尼尔吉里（Nilgiri）、祁门等，由原产的茶叶直接制成的茶。

混合调配茶（blended tea）：主要是指由印度阿萨姆的茶、锡兰（斯里兰卡）的茶及肯尼亚的茶混合调配而成的英式早茶，以讲究配制为特色。

调味茶（flavoured tea）：像格雷伯爵茶一样，是在茶叶中加入香料或者水果片、花瓣等制成的茶。在韩国叫加香茶。先是苹果、菠萝、草莓、香蕉等的水果香，然后是巧克力、焦糖、威士忌的香气等，香气的种类是无穷无尽的。香气扑鼻而又趣味无穷，在茶叶中添加了花瓣、水果片、银珠糖等的茶，无论是喝起来还是看起来都是华丽无比的，这也是我开始着迷于红茶的原因。

根据沏泡方式分类

纯红茶：除了茶叶之外不添加任何东西的茶。

调味茶：加入了牛奶、香料、草药等的茶。

红茶的功效

红茶中的儿茶素作为我们所熟知的茶多酚的一种，不仅决定着茶的味道和香气，还有解毒、杀菌、抗癌、抗氧化、抑制胆固醇形成等多种功效。除此之外，红茶中的咖啡因有着提神醒脑以及利尿的功效，而茶氨酸作为氨基酸的一种，能缓慢地抑制咖啡因发挥作用以使人镇静，同时，还含有预防龋齿的氟、维生素、无机物等成分。此外，一周中，如果能够跟家人、朋友一起，抑或是自己一个人滤去浮躁，悠闲自在地享受一次下午茶时光，对于缓解一周的压力、定期回过头去审视自己、保持精神健康都有帮助。

第一杯红茶

填满慵懒空闲的时光：茶品牌

慵懒的时光，
独自坐在房间里，倒上一杯茶……
一个人的饮茶时光是无可取代的娴静时光。
每个人都需要一盏茶的时间来沉淀自己。
平凡的生活中，尽情享受一盏香气四溢的
红茶所勾画出的幸福吧！

01 | Whittard of Chelsea 蜜桃红茶，第一杯红茶的幸福感

　　开始一天忙碌的工作之前，我都会习惯性地烧一壶水，拿出一包茶，沐浴着宁静淡雅的晨光，享受那只属于我的短暂却畅快的品茶时光。就在此时，茶包旁深蓝色的茶桶闯入了我的视线，是Whittard of Chelsea的蜜桃红茶。工作之余，我一直想用茶叶来代替茶包，所以当看到这只茶桶时，免不了有些惊喜，于是便迫不及待地放下茶包，打开茶桶的盖子，一股甜蜜的水蜜桃香气扑鼻而来。清晨浸润在可爱醇香的水蜜桃香气中，感觉甜美而充满希望的一天在向我招手。Whittard of Chelsea是英国传统的红茶品牌，而Whittard of Chelsea的蜜桃红茶在水蜜桃加香红茶中也绝对是数一数二的。它就像初恋一样给我深情相拥的温暖感觉，轻嘬一口，脸上泛起微微红晕，如少女一般。

　　我真正开始痴迷于红茶是在9年前。当时老公由于工作原因，突然被调到釜山，而那时，我已经有了8个月的身孕。产期临近，我变得很敏感，正迫切需要一个可以与我交谈以缓解压力的人。那时，"红茶"就像一位温暖而又热情的朋友慢慢地走进了我的生活，与我促膝交谈，甚是畅快。

　　精准的3分钟。

　　根据茶叶和茶包种类的不同，红茶的冲泡时间也不尽相同。Whittard of Chelsea的蜜桃红茶浸泡3分钟最为适宜。坐在窗边的下午茶桌旁，一边享受着温暖的阳光，一边陶醉在清香的红茶中。添加了香片的加香红茶，不仅有我们熟悉的水蜜桃香气，还会伴着巧克力和焦糖的香气，甚至红酒和威士忌的香气。

　　Whittard of Chelsea的蜜桃红茶是我遇见的最好的红茶。在打开茶桶的那一瞬间，一股淡淡的水蜜桃香气迎面扑来。跟一般红茶的泡法一样，烧一壶沸腾的水，然后在预热的茶壶中放入适量的茶叶，将热水倒入。浸泡3分钟后，将茶叶滤去，茶水倒入预热的茶杯中，然

每个牌子的红茶都有自己独特的颜色和造型，对红茶爱好者来说，收集各种茶也是很有趣的事。

在淡淡的颜色和香气中，享受慵懒的下午时光。

后就可以静静享受品茗时光了。甜美而清香的水蜜桃香气萦绕于鼻尖，品一口，豁然开朗！这种味道是未曾品尝过的。慢慢品味，让茶水缓缓流淌过喉咙，茶水与香甜的水蜜桃香气相得益彰，奏出完美的和声。一直以来我们对红茶的所有偏见在这一刻全都杳无踪迹了。

　　之后，我循着品茶的黄金法则，每次都能品出最好的味道和香气。泡一杯红茶，静静地享受着自由轻松的时光，这是只属于我的幸福的下午茶。

　　每天30分钟，用一杯红茶让自己能够享受片刻的自由与安静。

02 | 摒弃偏见，掌握冲泡红茶的黄金法则

大多数人对红茶或多或少都持有偏见，跟我关系很好的后辈K英就是这样的。当我问她为什么讨厌红茶时，通常她都会说因为红茶太苦了。音乐、咖啡、红酒、美食……我们有很多共同的爱好，所以为了让她也迷上红茶，几经斟酌，我挑选了几种红茶和花草茶，并且把能使它们喝起来味道更好的方法写下来一起寄给了她。

几天后，她联系我说："姐姐，我全都照你说的做了，才发现红茶真好喝！"听着K英无比佩服的声音，我不由得耸起了肩膀，心中窃喜。从此之后，她每天早上都会喝一杯我精心挑选的茶。如果K英来我家玩，我也总会为她冲个茶包。现在她甚至已经可以区分红茶、绿茶、白茶还有花草茶的味道了。

如果对茶稍作说明，我们经常喝的茶虽然都是由同一种茶叶制作而成的，但由于发酵程度和制茶方法不同，分为绿茶、乌龙茶、红茶等。简单来讲，我们最常见的绿茶是茶叶不经发酵而制成的不发酵茶，红茶是茶叶经过完全发酵而制成的发酵茶，乌龙茶则是处于它们之间的半发酵茶。最近因为有减肥功效而非常受欢迎的白茶是茶树嫩芽经过略微发酵而制成的。不含咖啡因，连孕妇也可以经常喝的黄春菊和薄荷等花草茶，则是由植物的花瓣、种子、根等经干燥制作而成的。

许多人更喜欢茶包，无论是喝绿茶、红茶还是花草茶，都一样把茶包直接放入杯中冲泡，

喝起来十分方便。另外，如果泡久了的绿茶透着苦涩味道，就会习惯性地加点水再喝。这种喝茶习惯可能对绿茶和花草茶的味道没有太大的影响，但对于红茶来说，就非常难以接受了。

下面简单介绍一下能使红茶茶包的味道达到最佳的方法，也就是冲泡红茶的"黄金法则"。准备好超市里经常能够看到的立顿（Lipton）黄牌精选茶（Yellow Label Tea）和川宁茶（Twinings）的茶包。一定要记住，红茶对温度和浸泡时间非常敏感，因此，将烧开的水倒入马克杯之前，一定要用热水涮洗一下马克杯以防水温急剧下降。通常情况下，为了让茶包更快地泡好，茶包里的茶叶都被剪得很细小。这样，如果把茶包先放进去，再倒入热水，发涩的成分就会被过度地提取出来。所以，先倒入热水，然后再将茶包稍微斜侧着放进去，才能减少苦涩的味道。

大部分红茶茶包后面都会标有"冲泡3分钟"的字样。如果水的硬度（水中钙、镁等矿物质的总含量）较低，泡茶时间可相应减少，以1~2分钟为宜。喜欢浓茶就泡2分钟，喜欢淡茶泡1分钟就足够了。为了使浓郁的香气不易散失，泡茶时，可用杯盖或碟子盖住杯口。别忘了泡茶时间尽量别超过2分钟，超时之前就要把茶包捞出来，这样才能喝到红茶最本真的味道。

　　虽然步骤看起来有点复杂，但实际上只需要先将热水倒入马克杯，然后将茶包放入，浸泡2分钟后捞出，就可以尽情享用香醇的红茶了。将茶包放入马克杯然后直接倒入饮水机中的水冲泡的方法，与传统的方法相比是有差别的。与红茶不同，花草茶和水果茶由于冲泡需要的时间长，茶包上一般会提示"冲泡5~8分钟"。

　　如此看来，喝杯醇香的红茶就是很简单的事了。为了让身边更多的人意识到这一点，我在将冲泡红茶重要的黄金法则广而告之的同时，还试图引导他们进入红茶的新世界。令我意外的是，大家的反应都出奇地一致。刚开始说"因为红茶太苦了，所以不喜欢"的人们，在听了我的介绍之后，都渐渐地喜欢上了红茶，终于意识到红茶还可以这么好喝。令我欣慰的是，以前对红茶持有偏见的人们不但摒弃了偏见，还发来了表达感谢的话语。看到这样的结果，我真的心满意足。未曾谋面的人，在读了我的文字之后，能够了解如何泡茶，甚至恋上红茶，这令我热情高涨，仿佛有一种力量在不断地驱使着我。

　　慢慢地，仿佛自己已经成了红茶文化的传播者，一个苦苦的茶包，居然能让素未谋面的人们惊奇地发现充满多种可能性的新世界，这是多么幸福的事！随着红茶文化的广泛传播，我期待着会有更多的人能与绚丽多彩的红茶世界邂逅。

1. 清香细腻，香气在嘴里萦绕的法国有机茶（St.Dalfour）的有机纯大吉岭茶（Organic Pure Darjeeling Tea）
2. 香气和味道都很纯净的极品茶曼斯纳（Mlensna）的橙白毫（Orange Pekoe）
3. 柔软而又有着浓郁焦糖香气的英国哈罗斯（Harrod）的焦糖茶（Caramel）

香甜的红茶糖浆

红茶糖浆既可以直接加入冰茶中，也可以和水一起加入冰中像冰红茶一样喝，这都是极好的搭配。或者，在冰牛奶中加一点红茶糖浆，就制成了简单、香甜而又凉爽的冰奶茶。我们一起来看看简单易操作、利用率又高的红茶糖浆是如何制成的吧。

准备 4克的茶包5个（或茶叶20克），水500毫升，白砂糖500克

制作

1. 准备好阿萨姆、约克夏金红茶或爱尔兰黄金混合红茶等比较浓的红茶，像格雷伯爵茶这种香气浓郁的红茶也不错。把茶叶放入茶具中待用。

2. 用深平底锅将水烧开后，放入5个茶包，改小火泡3分钟。

3. 茶包捞出后，将准备好的白砂糖放入，小火煮10分钟至溶化。以用力搅动会产生结晶体为最佳。如果想要糖浆更浓一点，也可以再熬20~30分钟。

4. 将熬好的糖浆倒入已消毒的玻璃瓶中冷藏保存。

03 | Mariage Frères 早茶，早晨的朋友

　　第一次喝的红茶是一个很浪漫的牌子，产于法国，是在高级的黑茶上点缀有金黄色纹样的 Mariage Frères。不知为何，它的法语名字总能在不知不觉中唤起我对某些模糊而又朦胧的世界的憧憬。以前在欧洲旅行时看到的巴黎天空，直到现在还依稀犹记，每次回忆起来都

会不由自主地心跳加快。仿佛我还在那片天空下，不曾离去。模糊的记忆中，与法国还有红茶邂逅时的兴奋感真的妙不可言。对于刚开始认识红茶的入门者来说，即使没有触碰到有着金黄色或黑色波浪式纹样点缀的法国红茶，而是面对略带枯萎感的法国红茶，也还是可以感受到它的魅力。直到现在，虽然每天都会喝Mariage，但它独特的魅力和风采依旧。

早上喝的红茶自然叫早茶，种类也是多种多样的，比如我们经常见到的英式早茶（English Breakfast）、爱尔兰早茶（Irish Breakfast）、苏格兰早茶（Scotish Breakfast）、法式早茶（French Breakfast）等。早茶中，特别推荐Mariage Frères的早茶系列。

Mariage Frères的早茶系列包括美式早茶（American Breakfast）、法式早茶（French Breakfast）、俄式早茶（Russian Breakfast）、上海早茶（Shanghai Breakfast）、英式早茶（English Breakfast）。每一种早茶都有其独特的口味和香气，每天可以根据自己的心情或者天气来选择喝哪一种，别有一番趣味。

天气晴朗、心情舒畅的某一天早晨，可以泡一杯美式早茶。不知为什么，这时候完全体

会不到其简介上所描述的 "这种茶会隐隐约约散发出曼哈顿早晨特有的焦糖和巧克力的香气"，而仿佛嗅到的是榛子咖啡的香气。一盏红茶，伴着曼哈顿明媚的阳光，坐在街边，充分享受那犹如一杯咖啡带来的宁静。

离开的时候，突然想给自己泡一杯法式早茶，让自己完全沉浸在香甜而浓郁的巧克力香气中。Mariage的法式早茶与其他的巧克力加香茶不同，只能说有过之而无不及。迷人的巧克力香气扑鼻而来，即使是喝完一整杯红茶以后，依然能余香绕鼻，久久不能忘记。哪里还会有像这样香气含蓄而又浓烈的高级红茶呢？

阴天下雨的时候泡一杯俄式早

茶是再好不过的。这种茶散发着浓浓的橙子香味，给人畅快舒爽的感觉。不知为什么，它的俄语名字总会让我联想到雾霭蒙蒙的街道，一边喝着红茶一边望着窗外灰色的天空，不由得唤起了浓浓的乡愁。

需要别具特色而又清冽的茶时，就泡一杯上海早茶。在乌龙茶中加入了白色茉莉花苞的茶，光是用眼睛看就会被它迅速迷住。再搭配生姜、茴香等香料，想象着上海的模样，仿若身临其境。

无论何时何地都可以悠闲享用的就是英式早茶了，它与所有品牌的牛奶都可以完美搭配。在泡浓的茶水中加入热乎乎的牛奶，如果想使茶的味道更好，可以加入1茶匙的白砂糖。香甜的奶茶如果再配上酥脆的薯片，这个早晨便会充实而满足。

Mariage Frères的早茶系列仿佛带你到美国、法国、俄罗斯、中国上海、英国等地兜了一圈。结束了这短暂而幸福的"旅行"后再回来，将会浑身能量满满地开始新的一天。一杯红茶就可以引发无限想象与兴趣，这样的事着实令我惊讶。如此一来，每天喝同样的下午茶，循环往复，也就不会觉得腻了。

04 | Celestial Seasonings 喜乐天然花草茶，享受花草茶之美

在迷上红茶之前，我也非常喜欢咖啡和花草茶。除了一些雪绿茶和玉竹茶的茶包外，我也会常备各种花草茶，闲暇时就喝一杯，很方便。我以前在西班牙进修语言的时候，尤其迷恋花草茶。与我寄宿在同一个家庭的室友哈维尔常常用摩卡壶煮咖啡喝（当时，第一次见到

开启花草茶新世纪的喜乐天然花草茶（Celestial Seasonings）

摩卡壶的我，下决心回国的时候一定要带一个回家）。而另一个室友伊娃就喜欢一个劲儿地喝一种叫洋甘菊（Manzanilla）的茶。因为伊娃，我也开始慢慢恋上洋甘菊了，如果去商场，经常都是买两三盒洋甘菊茶包回家。我后来才知道，洋甘菊就是花草茶黄春菊的西班牙语叫法。黄春菊这种散发着苹果香味的花草茶属于菊科，源于埃及语"苹果"这个词。它所具有的暖身体、健肠胃的功效也渐渐为大家所熟知。

　　对于喜欢花草茶的我而言，美国著名品牌喜乐天然花草茶（Celestial Seasonings）又开启了红茶外的新世界。该品牌产品是在多种多样的花草中添加天然香精，精心配制而成的，包括散发着曲奇香气的Sugar Cookie Sleigh Ride、睡前喝一杯可以使心情变舒畅的Sleepytime、具有天然薄荷香气的薄荷健胃茶Tummy Mint、喝一杯不仅可以身心舒爽还可以解渴的Tangerine Orange Zinger等，有很多花草茶我都想介绍给大家。此外，作为自然环保方针的重要一环，喜乐天然花草茶选择用散装茶包来代替独立包装的茶包，这体现了喜乐天然花草茶保护环境、亲近自然的品牌理念。喜乐茶的包装盒充满童趣，每次看到都会勾起我想购买并收集的冲动。

Sugar Cookie Sleigh Ride 是让我开始迷上喜乐茶的原因。我被包装上乘坐雪橇自由驰骋的可爱插画，以及甜美可爱的名字所吸引而买了这种充满梦幻般的香草、曲奇还有奶油香气的茶。用两个茶包泡出浓郁的茶，或配牛奶喝也不错。每次与朋友会面，我一定会分一些这样充满神奇色彩又好喝的花草茶给他们，通常他们会兴奋地打来电话跟我说："真的很好喝，这是从哪里买的呢？"

喜乐茶的花草茶与红茶相比虽然味道略清淡，但它种类的多样化并不亚于红茶，我一般都会对第一次听闻这种茶的人们这样说。精美的插画包装与神奇又多样化的味道都是让我对喜乐茶一见钟情的原因。即使难以忍受一般的黄春菊和薄荷的味道，也可能会意外地喜欢上这种由各种各样的香气和材料混合在一起而形成的特别的黄春菊和薄荷的味道。这就相当于不太敢喝伏特加的人，却能够轻易地喝下加入了各种饮料后的伏特加。二次加工或许会使你原本并不喜欢甚至讨厌的东西变成你可以接受的样子。

完全沉迷于红茶以后，虽然喝花草茶的次数减少了，但我还是会常备几种花草茶。在难以入睡的晚上，为了保证好的睡眠质量，不妨喝点不含咖啡因的花草茶或者路易波士茶（Rooibos Tea）。对太浓的红茶有轻微反感的丈夫，也喜欢饮用毫无负担的花草茶。

从茶叶到普通茶包、纱质茶包、棉质茶包，再从红茶到路易波士茶、花草茶、各种中国茶……除了不常见的茶，其他的茶在我家的红茶店里应有尽有。茶如此美好，怎能一人享用。有时候，我会给店里的客人上一杯咖啡，然后自己却十分引人注目地泡一杯茶……不再局限于Mariage Frères、卡雷尔还有罗纳菲特等咖啡，而是开一家可以尽情享用咖啡和各种茶的茶咖啡店，是我长久以来的心愿。

茶贴士01

茶叶识别

茶叶的等级

FOP（Flowery Orange Pekoe）：花橙白毫——茶树最顶端刚刚长出来的嫩芽。

OP（Orange Pekoe）：橙黄白毫——芽尖往下数第一个嫩叶。

P（Pekoe）：白毫——芽尖往下数第二个嫩叶。

PS（Pekoe Souchong）：白毫小种——芽尖往下数第三个嫩叶，位于白毫和小种之间。

S（Souchong）：小种——芽尖往下数第四个嫩叶，茶叶能够饮用的最末端。

▶FOP中的最上等

GFOP（Golden FOP）：枝头金黄色的嫩叶。

TGFOP（Tippy Golden FOP）：作为一种小嫩芽，比GFOP高一个等级。

FTGFOP（Finest Tippy Golden FOP）：FOP中的最高等级。

茶叶的种类

FOP（Flowery Orange Pekoe）：花橙白毫——用一整片茶叶，未经切割而制成的红茶。

BOP（Broken Orange Pekoe）：橙黄白毫碎叶——将茶叶粉碎成2~3毫米长的碎叶。

F（Fannings）：将茶叶粉碎成1毫米长的碎叶，从底端落下的小叶子。

D（Dust）：与Fannings相比，更小的粉末状态的叶子。

　　　　　*Fannings与Dust状态的红茶，通常用茶包装起来。

CTC：将茶叶压碎、撕碎、揉捻，然后卷成的红茶。将圆圆的茶叶晾干，不要拆开，这样容易运输和保存。

05 | 伯爵夫人茶（Lady Grey），
伯爵红茶的挚友

"为红茶初学者们推荐喝起来爽口，且没有负担的好红茶。"

通过博客经常被提问到的就是：红茶的入门者们常常惊叹于红茶的种类如此多样，对喝哪种红茶很茫然。虽然可以像采样器一样，每一种红茶都品尝一点点，然后再在网上购买，但大多数红茶都是以50~100克为标准出售的，量比较多，茶包也通常是每袋20包或25包的规格，稍不留神就很容易陷入无论什么茶都乱选一气的狼狈境地。同时，红茶的价格也不容小觑，如果买同样的量，却多花一倍的价钱，岂不是相当难受？所以，很多人都提出了让我推荐红茶的要求，但市面上存在着各式各样的红茶，同时人们的口味也不尽相同，想痛痛快快地推荐出某几种红茶，说出哪个比较好也是很难的事情。

在这种情况下，我一般都会推荐川宁茶（Twinings）的伯爵夫人茶（Lady Grey）。对红茶不了解的人们可能只听说过"伯爵茶"。这种茶因在茶叶中添加了佛手柑而散发着化妆品气味而为大家所熟知。伯爵茶得名于一位伯爵的名字。第一次接触这种茶的人们可能会对这种独特的气味比较排斥，但熟悉了之后，就会觉得这种香气充满着无与伦比的魅力。伯爵茶的搭档当然就是伯爵夫人茶啦。在茶叶中加入佛手柑、柠檬和橙子，并且搭配蓝色的矢车菊，名实相符，就像优雅的女士一样，娴静素雅，令人回味无穷。如果向那些当初很迷茫的红茶入门者们推荐这种茶，他们都会心满意足。这也是"每日饮茶"清单上

伯爵夫人茶用它那清新而优雅的味道和香气刺激着我们的五感（五感即形、声、闻、味、触，也就是人的五种感觉：视觉、听觉、嗅觉、味觉、触觉）。

我个人很喜欢的一种红茶。

伯爵夫人茶的天蓝色包装给人一种清爽感，这种干净淡雅的蓝色散发出了无限的魅力。茶包开封的瞬间，甘甜、清香的气味扑鼻而来，茶叶中惹人喜爱的蓝色矢车菊同样让人大饱眼福。抿一口，瞬间嘴里满是清香，最后以干净爽口的清凉感结尾。这是一种柔软悠扬而又充满魅力的红茶。

到了很容易口渴的夏天，伯爵夫人茶便成了不可缺少的必需品。在商场，经常能看到满是矢车菊的伯爵夫人茶，两三勺一包，被严严地包起来。夏天的时候，将伯爵夫人茶放入一瓶1.5升装的矿泉水中，在冰箱里放置一天后，将茶包拿出扔掉。饮用时，柠檬的清爽与矢车菊的花香搭配在一起相得益彰，清凉感扑面而来。

如果搭配牛奶，全新又美味的奶茶就诞生了。这就是红茶的魅力之一。伯爵夫人茶是调制奶茶的最佳选择，值得给出最高分数。因为加了牛奶，可能会让人发腻，但伯爵夫人茶中佛手柑特有的清爽感，在奶茶中得到了充分的发挥。当然，冰奶茶也毫不逊色。

伯爵夫人茶，犹如其名字一样高雅却不华丽，但同时，又不失时尚与可爱，很合大众口味。无论是热茶、冰茶，还是奶茶，每种茶在喝的时候都会让人忍不住惊叹，同时，它还是一种最有利于促进睡眠的茶。

06 | 英式早茶（English Breakfast）
灰色早晨的一缕阳光

　　这是被独特的红色所吸引的一天。不过与衣服、鞋子或书包无关。慵懒的早晨，起床后仰望天空，既没有高挂天空火辣辣的太阳，也没有淅淅沥沥连绵而下的细雨，在这样充满着暧昧气息的天气中，陪伴我的是唾手可得的红色茶包。

　　茶包的优点之一就是颜色和品种多样，可以根据每天不同的心情来挑选能够令自己心满意足的茶包。在这一点上，哈尼桑尔丝（Harney & Sons）的英式早茶（English Breakfast）尤其出色。19种绚丽的糖果色茶包整整齐齐地放在桌上，可根据颜色与味道随意挑选并冲泡品尝，趣味无穷。

拥有迷人红色的英式早茶，可以使阴天里阴郁憋闷的心情得以疏解。

哈尼家红茶拥有19种绚丽的糖果色茶包，不仅可以享受到各种各样甜蜜可爱的味道，光是看这些五颜六色的茶包聚集在一起都会趣味无穷。

某一天，不冷不热，尽管看不到阳光，但没下雨，清爽舒适。此时就泡一杯充满魅力的红色哈尼桑尔丝的英式早茶吧。哈尼桑尔丝作为美国知名茶品牌，是迈克尔·哈尼（Michael Harney）用自己的名字命名的。有着"哈尼与他的儿子们"之称的这个品牌，在红茶爱好者之间通常被叫作"哈尼家"。哈尼家的红茶通常比较绵甜香醇，柔和细腻，是可以使所有人毫无负担地享受饮茶乐趣的知名品牌之一。

英式早茶主要是由印度、斯里兰卡和中国的红茶树叶混合制作而成的。其中哈尼家的早茶是最具特色的。因为它是100％由世界三大红茶之一的中国祁门红茶制成的。印度大吉岭、斯里兰卡乌巴、中国祁门的红茶被称为世界三大红茶。祁门红茶散发出的是绵甜的果香和优雅的兰香，以及独特的稍微咸咸的味道和淡淡的烟熏香。这种独特的烟熏香气，使闻到它的人有吃到香肠和熏制鸭肉的感觉。

用100％祁门红茶混合制成的英式早茶，虽然能够感受到满满的略带咸味的烟熏香，但整体而言，还是给人以圆润滑嫩又轻松愉悦的感受。为了快速入睡，也可以在这种茶里加入牛奶饮用。但是哈尼家的100％祁门红茶制成的英式早茶，相比于配成奶茶，更适合什么都不加而直接饮用。

拥有格外引人注目的红色茶包的哈尼家早茶，因为足够独特，所以我们一般也只有在很特别的日子才会饮用，但即使每天喝也不会觉得腻烦。另外，在天空中突然云彩密布又满含湿气的日子里，也会不由自主地拿出哈尼家的红色茶包来泡一杯红茶。

经过2分钟的等待，捞出茶包，坐在窗边的桌旁，望着朦朦胧胧、若晴若雨的天空，轻抿一口，让舌尖尽情享受那一缕醇香。一定要等到灰色的天气时再喝哈尼家红色茶包的早茶，如同骤然而来的冰冷北风所暗示的微妙气氛，灰色的天空和无尽的期待完美结合，这时候，喝一杯哈尼家红茶是再完美不过的了。

07 哈尼桑尔丝的"巴黎"（Harney & Sons Paris），独特的香气与魅力

　　太阳初升的早上，无论是在光线绵长而柔和的晨曦下慵懒地活动筋骨的时候，还是在呆呆望着窗外、任温暖和煦的风吹拂的时候，我都想暂时摆脱安宁的日子，举着一台孤零零的相机，来一场说走就走的没有目的地的旅行。但是一听到女儿寻找妈妈的声音，一切便都迅

一杯装满巴黎的红茶中，盛的是巴黎的浪漫与模糊的记忆。
在某一个突然想离开的日子，喝一杯散发着满满巴黎香气的红茶吧。

速回归到现实。每当那个时候，我只剩下深深的叹息，然后翻找出一包红茶。这时我一般会选择名为"巴黎"的茶。

在红茶中，像"巴黎"这样名字独特的有很多。其他的红茶，偶尔也会有以城市命名的，像东京、柏林、伦敦。它们当中我较常听说的还是"巴黎"。似乎在很多人看来，巴黎是个浪漫的城市。虽然不知去向何方，但想离开的时候，与东京、柏林、伦敦的茶相比，会不由自主地拿起名为"巴黎"的茶，这可能是因为巴黎那隐隐的浪漫气息吧。

之前介绍过的哈尼桑尔丝中也有一种名为"巴黎"的红茶。如果向巧克力般浓郁的香草香中融入清爽的佛手柑香气，即使是美国的品牌，乍一品尝也能感受到法国的温馨与浪漫。沉浸在巴黎这个名字中，可能会不知不觉地开始想象，自己在矗立着埃菲尔铁塔的宽阔广场上喝茶的模样。

Bonjour! 你好！

法国著名茶品牌Kusmi在2007年为了纪念公司成立140周年，选出了伦敦、圣彼得堡，还有巴黎红茶。在法国品牌馥颂（Fauchon）中也有各种各样的巴黎红茶，如巴黎的午后（An Afternoon in Pairis），东京爱巴黎（Tokyo loves Paris），巴黎我的爱（Paris, my love），巴黎的幸福（The Happiness in Paris）等，都是充满浪漫气息的名字。

像这样在名字中加入巴黎字眼的红茶中，加入了香草香和橙子香的哈尼桑尔丝的"巴黎"更像"巴黎的午后"；与"巴黎的幸福"比较相似的阿萨姆和云南，是与大吉岭很配的传统茶；而"东京爱巴黎"，就如同在绿茶的基础上添加了水蜜桃香和菠萝香气。虽然味道和香气各不相同，但神奇的是，在所有的茶中都可以寻得巴黎的痕迹。

因此，想离开但无法离开的时候无须难过。使自己烦乱的心情得以平静的一个秘诀就是一个人静静地坐下喝一杯巴黎的茶，我敢说这绝对是特别好的解决方式。如果不相信的话，一起来尝试一下吧。喝着名字中带有"巴黎"字眼的红茶时，能感受到这样的时光，比真的前往巴黎还要幸福。

08 红茶中的巧克力诱惑

我是一个对巧克力疯狂热爱的人。无论是巧克力、巧克力蛋糕、热巧克力、巧克力味咖啡，还是巧克力味红茶，我无一不爱。特别是在品尝了巧克力味红茶以后，每次想念巧克力的时候，我都会疯狂地寻找巧克力味红茶。略带饥饿感的下午，在浓郁的巧克力味红茶中倒入加热过的牛奶，然后将一块褐色的方糖"扑通"一下扔进杯中——这样的奶茶，无论是谁，都无法拒绝。

也许，那迷人的香气，会成为你开始迷恋红茶的契机。于我而言，这真的是喝一次就会爱上的红茶。

在茶叶中加入花瓣、果肉或者巧克力，抑或是其他天然香料等制成的茶称为加香茶。在红茶中，只利用茶叶制成的茶称为传统红茶或纯红茶，而像这样加入香料的红茶称为加香红茶。

纯红茶可以使人们享受到茶叶固有的香气和味道，这一点是非常具有魅力的，但对于第一次接触红茶的人来说，可能有点不可思议。相反，人们容易被加香红茶中无论是草莓、巧克力，还是香蕉、甜瓜、菠萝、焦糖，甚至是红酒和威士忌等各种各样的香

满嘴巧克力香，能使人的内心温暖起来。

气迷住。顾名思义，加香红茶就是加入了其他香气的红茶，但是，巧克力红茶并不是加了巧克力的红茶。大家提得较多的问题之一是："水蜜桃红茶不但没有水蜜桃味道，还很苦，这是为什么呢？"这是因为大家已经习惯了喝速溶的水蜜桃红茶。事实上，水蜜桃红茶并不是有着水蜜桃味道的红茶，而是只在茶叶中加入了水蜜桃香气而已。

　　巧克力加香茶的种类也是千差万别。作为巧克力加香而闻名的馥颂（Fauchon）的巧克力泡芙（Chocolate Eclair）和丝滑浓情巧克力（Douceur Et Chocolate），是散发着浓郁巧克力香气的极品。巧克力泡芙虽然很有名且人气很高，但遗憾的是已经停产了，后来出现的便是丝滑浓情巧克力，由杏仁、香草、板栗加香制成。说起巧克力加香茶，最先想到的就是它非常受欢迎，并且久置味道也不会变淡。日本品牌绿碧茶园（Lupicia）的香蕉巧克力红茶（Banana Chocolate）绝对是香蕉与巧克力完美结合的典范。像这样不仅仅只有巧克力，而是巧克力与香蕉、巧克力与板栗或是巧克力与生姜混合而成的加香茶也有很多。

　　日本品牌Marina de Bourbon中名为方丹（Fontaine）的茶，是在红茶中加入了黄春菊、香槟和巧克力的香气制作而成的。香甜而又浓郁的巧克力和能使人心情舒畅的黄春菊，以及光是听到名字就很美好的香槟搭配在一起，如同门德尔松的小提琴一般，奏出了浪漫的旋律。方丹是一种不亲自品尝就无法想象出味道的红茶。毕竟它是由黄春菊、香槟和巧克力的香气混合搭配而成的。这是一种难以想象的梦幻般的味道。它独特的魅力足以让一个清醒的人"对错不分"。

　　巧克力味红茶中加入牛奶可以说是最完美的操作了。倒入滚烫的牛奶，加入1茶匙白砂糖，然后享受一杯香甜的奶茶非常不错，如果是在炎热的夏天，茶叶中倒入少量的水，稍微

沸腾后，倒入牛奶，在冰箱里放置一天再喝可能会更好。用这种方法，巧克力与牛奶混合而产生的味道跟巧克力味牛奶差不多。虽然会花费很长的时间，而且制作过程也很复杂，但是因为有自己的亲身参与，成果一定很有魅力。

　　巧克力味红茶虽然还会有红茶本来的味道，但丝毫不影响浓郁的巧克力香气的散发。因此，巧克力加香红茶与巧克力蛋糕搭配就更完美了。浓浓的巧克力味红茶与口中渐渐化开的巧克力蛋糕搭配在一起，想想都会甜甜的。如果觉得无论如何都不会喜欢上红茶，就试着将巧克力味红茶与巧克力蛋糕搭配在一起吧。那种魅力是无法抵挡的，这就是我喜爱巧克力味红茶的原因。

茶配方 02

巧克力薄荷茶

刺骨的寒风呼啸而过，冬日里来一杯温暖而又香甜的巧克力味奶茶怎么样？
软绵绵的感觉再加上清香的气息，可以使全身温暖起来。

准 备 薄荷茶包1个，热巧克力粉1茶匙，水100毫升，牛奶100毫升

制 作
1. 准备好一个薄荷茶包。

2. 在牛奶锅中倒入100毫升水烧至沸腾，然后放入薄荷茶包浸泡5分钟以上。

3. 将热巧克力粉倒入杯中备用。

4. 向薄荷茶中倒入100毫升牛奶，开中火烧，其间不要将茶包取出。

5. 在牛奶烧开之前将火关掉，轻轻摇动，然后把茶包取出，倒入杯中。充分搅拌后，只属于我的巧克力味奶茶就完成了。

09 圆圆的阿萨姆CTC红茶，邂逅奶茶

严冬时节，看着窗外纷纷扬扬飘落的雪花，这时来一杯奶茶是再好不过的了。早上起床空腹的时候，饭后想喝点什么的时候，午饭与晚饭间略带饥饿感的时候，外出回来冻得瑟瑟发抖的时候，睡前开着昏暗的台灯读书的时候……无论何时都想触手可及的就是浓郁而又香气十足的奶茶。

一次朋友来家中做客，正值严冬，大风呼啸，只听到朋友不停地说："哎哟，好冷。"由于朋友不喝咖啡，所以我打算烧点水，给她泡一杯热茶。朋友可能是饿了，问我家里有没有吃的东西。以前，我是不爱吃零食的，所以家中很少会有零食，可是自从爱上茶之后，家里多少都会备点曲奇和面包。虽然单纯地喝点茶，享受一下茶的清香也不错，但有时候随便搭配点吃的或是精心挑选一些合口味的食物，或许会别有一番风味。想到正好还有白天烤的司康，所以我就打算煮一杯奶茶以作搭配。

刚出锅的奶茶配上司康、奶油和草莓酱，这应该是寒冷冬天里最好的下午茶了吧。朋友第一次喝到这样浓郁醇香的奶茶，大吃一惊。把我制作的奶茶说成是"阿萨姆丰富的香气与牛奶的醇香最完美的结合"一点也不为过。

我对自己制作的奶茶很有信心。我本来就很喜欢奶茶，经常喝我的奶茶，自然会领悟到我的独家秘诀。一般的咖啡店，为了迎合大众的口味，提供的都是在奶茶完全沸腾时盛出的寡淡的奶茶，或者就是用只有甜味的速溶奶茶代替，品尝之后，也没有什么特别的感觉。给家里来的客人们煮奶茶的时候，他们都会好奇地瞪大眼睛，表情都像发现了新世界似的，每次看到他们这样，我都会很高兴、很满足。充分了解茶叶虽然是很重要的，但相比之下，更重要的是品尝的人们对它的喜爱与热诚。每次泡出来的奶茶味道也会随着当时的心情以及其他人的心态而发生微妙的变化。

很多朋友向我询问奶茶的制作方法。我通常还会送一些茶叶让他们带走，每到这时，都

奶茶还属阿萨姆CTC最好。CTC是指茶叶经过Crush（压碎）、Tear（撕碎）、Curl（揉捻）三个过程，然后被卷成小小的圆圆的形状。由于茶叶被撕得很碎，所以只泡一会儿就能出来浓浓的味道，被卷得圆圆的茶叶在运输的时候，就算被撞击或者破损，也不用担心散开，这在进出口时是相当便利的。

热腾腾的奶茶配上简单的面包，一顿早午餐就大功告成了。
不用去昂贵的咖啡厅，在家里也可以制作自己专属的浪漫早午餐。

会收到连连的感谢。即便制作的过程有些烦琐、困难，但你绝对不会忘记第一次喝到自己精
心熬煮的奶茶时的心情。无论是谁，都无法抗拒盛着满满情意的那杯甜甜的奶茶。

　　由于在印度阿萨姆地区经常使用这个方法，因此CTC常见于阿萨姆茶中。同样是奶茶，
在泡好的茶叶中倒入滚烫的牛奶而制成的英式奶茶，与锅中直接煮的皇家奶茶在味道上有着
明显差别。像草莓或巧克力这样的加香红茶，如果直接煮，香味可能会散发掉，所以这种茶
不推荐煮着喝，而像阿萨姆CTC这种传统的茶叶，经过烹煮，味道会更浓郁。

10 | 威尔士王子红茶（Prince of Wales），下雨天与王子相遇

当窗外淅淅沥沥下着雨的时候，总会让我想起一个男人。天空倾泻而下的雨点啪啪敲打窗户的声音，搭配着他那温暖的气息，直达我心底，浸润着我的心灵，拥有无限的魅力。不仅是我，大多数喜欢红茶的人在下雨天都会与王子相遇。这个王子就是英国品牌川宁（Twinings）的威尔士王子（Prince of Wales），一种散发着烟熏香气的红茶。威尔士王子被称为英国的皇太子，即使无法亲自看到王子本人，用喝一杯红茶的方式与之

来一次想象中的邂逅也是不错的。由中国南方地区的红茶经过混合、调配制成的这种红茶，因其味道细腻、柔滑，又被称为"烟熏香"。喝一口红茶，如同嘴里噙着满满的烟熏香与兰香，充满着奇妙的魅力。

下雨的日子里，泡一杯如祁门和正山小种（Lapsang souchong）一样散发着烟熏气味的茶真是再好不过了。这两种茶都是中国茶，正山小种是由松针燃烧所散发的热气熏制而成的，所以散发着浓郁的烟熏香和松树的香气。对于正山小种的评价，好与不好是因人而异的，有人无法接受其浓郁的香气，但像祁门红茶还有云南红茶那样，伴着淡淡烟熏香的红茶则容易被大多数人接受，因为可以毫无负担地品尝。事实上，我在给初次接触

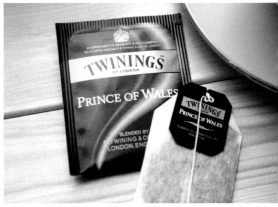

下雨天邂逅王子，威尔士王子红茶。

红茶的人们分送茶叶的时候，在装祁门红茶的袋子上一定会标记"与下雨天相配的红茶"。对茶一无所知的朋友们，按照我的建议，等到下雨天喝了祁门红茶之后，一般都会给我发信息说："祁门红茶与下雨天简直是绝配，再给我一些吧。"了解我的朋友们现在已经品味到了红茶的妙处，所以他们都会忍不住再跟我要红茶。我也是很享受分享红茶给大家一起品尝的乐趣。起初对红茶一无所知的朋友，在慢慢了解之后，与我聊天时，也会不断提及红茶，有越来越多的人认识红茶，喜欢红茶，这是很令我高兴的。

川宁的王子茶，也会散发出充满魅力的烟熏香气，若平时喝，也就是会评价一句很简单的"好喝"，但下雨的日子，不知为何还会陷入深深的伤感中。难道是内心隐藏的隐隐的思乡之情被勾起了？看着静静落下的雨，尽情地感受着那份若有若无的情感时，来与穿着黑色衣服的川宁的王子邂逅吧，真的会产生与王子在茶桌旁共饮的错觉呢。

一天中，时常会有几次"与王子相遇"的想法。每次相见，都如初次相遇般具有无法拒绝的吸引力。但是，后来经常因太忙而把王子抛在脑后，久久地被搁置。可能是由于纵情表现的魅力，需要"雨"的陪伴吧。平日遇到的王子也着实不错，但是下雨天遇到的王子，却能赠予我们绝不会忘怀的感动。大家在读了这段文字之后，也试着在下雨天邂逅一下王子吧。下雨是一直在期盼的事，盼望已久却要继续等待。正因为需要时间等待，与它相遇的那种甜蜜感才更值得我们回味。

11 | 速泡奶茶（Instant Milk Tea），
快乐其实很简单

就像为了喝咖啡比较方便而制成的速溶咖啡一样，为了喝奶茶更简便，当然也有速泡奶茶了。我们所熟悉的立顿冰红茶，以它独特的甜甜的口感与简便包装，在夏天始终都是办公室里极受欢迎的饮品之一。除了这种速泡奶茶包以外，还有那种仅需用热水冲泡就可以饮用的粉末状速泡奶茶。

想喝杯奶茶的话，在牛奶锅中煮，一般人都会觉得相当麻烦。甚至有时候即便用稍微简单一点的方法——先冲泡一杯红茶，然后将牛奶倒入再加热，也嫌麻烦。这时候，可以用电子茶壶将水烧开，倒入放有速泡奶茶茶包的杯中，这样，几近完美的奶茶就完成了。即使心情烦躁的时候也无法抵挡速泡奶茶的诱惑。我一天基本会喝三四杯红茶，所以速泡奶茶一般都会在我的茶桌上见到。

提起冰红茶，我们一般想到的是立顿牌的一种被称为"红金奶茶"的速泡奶茶，速泡奶茶的种类和品牌也是多种多样的。皇家奶茶（Royal Milk Tea）在红茶爱好者中的名气很大，在大型超市、一般进口食品商店或者综合商场等地，都很容易买到。皇家奶茶和格雷尔伯爵茶的奶茶都是多种多样的，可以尽情地享用。

方便地享用速泡奶茶吧。

最近迷恋的啡特力（Alicafe）也出了一种名为阿里奶茶（Alitea）的速泡奶茶。冲泡时就像制作奶茶一样，在马克杯中慢慢倒入水，成品存留着红茶那浓郁而又丰富的味道，美味可口，风味十足。在红茶文化越来越普及的今天，已经出现了各种各样的速泡奶茶。虽然"太甜"是速泡奶茶的一大缺点，但能将红茶的原本味道传达出来，却是可圈可点的，因此得到了很高的评价。

同时，韩国品牌Ares Tea也推出了阿萨姆拿铁茶（Assam tea latte powder）和孟买茶（Bombay Chai Tea）等速泡奶茶。奶茶种类多样，在带来方便的同时，也充分地阐释了红茶本真的味道。

由于冲泡方便，速泡奶茶越来越受欢迎，这也意味着红茶越来越大众化。因此，在关注度上，红茶所占据的比重也越来越大，就好比速溶咖啡中更加关注生豆咖啡一样，对速泡奶茶中茶包和茶叶的关注度越来越高的那一天还会远吗？

12 | 阿芙佳朵红茶（Affogato Red Tea），与众不同的味道

在迷上红茶之前，我狂热地迷恋咖啡。那个时候特别喜欢喝咖啡，以至于咖啡馆里有的咖啡设备，我家里应有尽有。每天都会有用新鲜咖啡豆现磨的咖啡相伴。有时，除了暖暖的咖啡外，如果想来点不一样的感觉，我会在冰爽的冰激凌上淋上刚磨好的浓缩咖啡。冰激凌的甜蜜配上咖啡微微的苦涩，这就是阿芙佳朵诱人的味道。迷恋上那样的咖啡，无论什么时候都无法自拔。

迷上红茶后，喝咖啡的次数就大大减少了。但是一天中还是会喝上三四杯手磨咖啡或者用胶囊咖啡机磨出的浓缩咖啡。因此，家里如果有冰激凌的话，就可以在杯子里盛上满满的冰激凌，启动胶囊咖啡机，淋上一杯浓缩咖啡，这样，一杯阿芙佳朵就制作完成了。

如法炮制，将阿芙佳朵稍加创新，就可以制成美味的阿芙佳朵红茶。用冲泡出的浓郁红茶代替浓缩咖啡，淋在冰激凌上就可以了。如果用香浓的奶茶制作阿

芙佳朵，以泰勒伯爵红茶（Toylors of Harrogate）的约克郡金牌红茶（Yorkshire Gold）为例，最终呈现的是香喷喷的红薯香，它将红茶微微的苦涩与冰激凌的香甜梦幻般地融合在了一起。如果想来一杯稍微独特点的阿芙佳朵，那就泡一杯浓浓的格雷尔伯爵茶试试吧。像我经常喝的散发着浓郁的佛手柑香气的Amahd的格雷尔伯爵茶或者Stash的双佛手柑格雷尔伯爵茶，厚厚地在冰激凌上淋一层，使清爽的佛手柑香与香草冰激凌完美地契合在一起。

除了这些以外，巧克力香与草莓香相混合的阿芙佳朵，或是巧克力冰激凌与草莓冰激凌相混合的阿芙佳朵，都拥有着在咖啡中品味不出的独特味道。特别是巧克力味红茶与巧克力冰激凌搭配，味道绝对超乎想象，如梦中的婚礼般浪漫甜蜜。

对简单喝杯红茶或是咖啡感到厌烦的时候，来点冰激凌就会享受到与众不同的奇妙感。如果尝试一下阿芙佳朵，也许你的勺子根本就停不下来。制作简单也是它的一大魅力所在。如果制作起来很复杂或者需要花很长时间来准备，我很可能会放弃，而阿芙佳朵正相反，所以阿芙佳朵在我的茶单中是相当重要的。

茶配方03

红茶阿芙佳朵与咖啡阿芙佳朵

红茶与咖啡的独特品味方式，以阿芙佳朵的形式与冰激凌相遇。

| 准 备 | 格雷尔伯爵红茶或浓缩咖啡60毫升，香草冰激凌2大勺 |

制 作

1. 在杯中盛上满满2大勺香草冰激凌或者巧克力味、核桃味冰激凌。

2. 准备好刚磨出来的浓缩咖啡60毫升或泡得浓浓的格雷尔伯爵红茶60毫升，倒入冰激凌中。

3. 准备好勺子，就可以舀着吃红茶阿芙佳朵或咖啡阿芙佳朵了。

使红茶美味的黄金法则

茶叶

　　虽然只是一杯简单的红茶，但是根据泡茶的黄金法则，泡茶时投入的时间增多，内心的满足感与喜爱度也会大大增加。静静地品味一杯红茶，在只属于自己的独有的下午茶时光，找回那份宁静与从容。

准　备　茶壶2个，茶壶罩（盖在茶壶上保温用的），茶杯1个，定时器或沙漏，茶叶过滤器（过滤网），茶叶，水

制　作　1. 将泡茶用的茶壶与茶杯预热后备用。通常3克茶叶用200毫升水冲泡最为适宜，当然也可以根据自己的喜好加以调整。

2. 在预热好的茶壶中放入茶叶，然后倒入新鲜的水。将热水垂直倒入，这是为了与茶叶充分混合以得到更好的冲泡。相较于过滤网，茶叶在整个茶壶中能更好地混合。因为红茶对温度很敏感，所以在茶壶上盖上茶壶罩会更好。

3. 大约3分钟后，将茶叶捞出。茶叶泡太长时间就会发涩，若及时捞出来，则从始至终都可以享受到恒久不变的味道与香气。

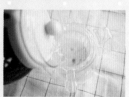

4. 将茶倒入茶杯中，若盖上保温罩，能够在30分钟内都保持温热。

茶包

　　如果觉得泡茶叶比较麻烦，也可以用茶包代替。若用茶包，仅需要几个简单的步骤，同样可以享受到红茶上等的香气与口感。

准　备　红茶茶包，马克杯，杯盖或者碟子等能盖住杯子的东西，定时器或其他可以测定时间的工具

制　作
1. 用热水将马克杯冲洗一次以预热，然后将刚烧开的水倒入。

2. 将茶包斜侧着轻轻放入杯中。如果先把茶包放入水里，与水一起煮，茶叶发涩的成分会被煮出来。所以，我们先烧开水，然后将茶包放入烧开的水里泡。

3. 为了使香气与热气不散失，我们把杯盖或者碟子盖在马克杯上，大约泡1~2分钟就可以了。由于薄棉布或者纱布类的茶包通透性很好，里面的茶叶很容易就被泡开了，所以1~2分钟就行。如果想喝奶茶，也可以泡3分钟。如果不是红茶，而是水果茶或花草茶，就泡5分钟以上。

4. 切记绝对不能使劲压或者挤茶包，也不能用力摇动。为防茶叶发涩的成分被带出来，动作一定要轻。等茶叶的汁液都在茶杯底部沉淀下来之后，轻轻地摇动茶包将其取出。

第二杯红茶

吐露朴素的爱：茶故事

虽然一个人喝红茶不错，但是能
有个心灵相通的人，一起边谈笑
边饮茶，岂不是更幸福？
时而苦、时而甜的红茶，不时撩
动着舌尖，与相爱的人一起饮
茶，也许更能感受到红茶越发醇
香的味道。

01 橙白毫红茶馆，分享红茶的幸福

　　我在对红茶一无所知、刚接触以及试着了解红茶的时候，与之有关的各种书籍都会买来读，也会去网上翻阅各种信息，为了走进红茶的世界而想尽各种方法。那时候对我帮助最大的就是"橙白毫"了。它又被称为OP，是韩国国内最大的红茶馆。虽然，从描述了很多红茶相关信息的书中，也能够获取很多红茶信息，但橙白毫红茶馆是像我一样品尝过世界上数百乃至数千种红茶的红茶爱好者，以及想了解红茶的新手们，共同交流沟通的绝佳之地。橙白毫红茶馆里，充满着各种关于红茶的最新信息，还有享受生活中触手可及的红茶的各种方法，但是这个地方最具有魅力的当然还是"转让"与"交换"这样的环节，从红茶的分享中得到温暖与乐趣。

　　韩国引进的红茶种类是很有局限性的，而且价格也不容小觑。将红茶茶叶每10克一包分装，进行品尝、转让与交换就可以接触到各种各样不同的红茶，橙白毫就是这样一个地方。市面上虽然也有分装红茶所用的采样器，但是大部分都是以100克为单位分装的，量比较多，而且就算是茶包，大多数也都是以20~25个为一袋，整体出售。在红茶刚入门的情况下，由于红茶的香气与味道各不相同，自己对红茶的偏好也不太明确，无奈之下只能买各种红茶，但大多数情况都是只喝一两次就丢在一旁不喝了。红茶转让与交换，对红茶刚入门的人，或者对于自己没有的红茶，想尝一下的红茶高手来说，都不失为一种很好的方法。如果真的买了很大分量的红茶，但是意外地不合口味，不想再喝了，也可以跟别人交换来品尝。或者是，可以参与到很多人共同参与的红茶转让中，这样不用非得买大分量的红茶，就可以品尝各种口味的红茶了。或者，对于下定决心要买的红茶，也可以通过转让或交换的方式进行"试喝"，喝过后，如果真的满意，再买也不迟。

通过橙白毫，可以交换各种各样的红茶，从而品尝到各种不同的味道。

亲切的红茶爱好者们，相互分享的无论是红茶还是既好看又好吃的零食，种类都在慢慢变多。

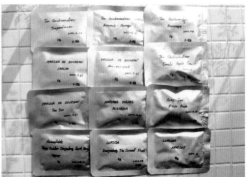

手工制作的杯垫、化妆品小样，还有书等类似的衍生品，都可与茶装在一起保存起来。

这是通过橙白毫而变得更亲密的后辈，去欧洲旅行的时候给我买的红茶。茶盒因其特有的颜色与模样而与众不同。

橙白毫的转让过程，通常会以转让者提出各种恰当的条件，来让对方满意，或者对于转让者的提问，受让者能提供准确而令人满意的回答等方法进行。当初对红茶刚入门的我，对一些很新奇的红茶，常常表现出鬼迷心窍似的痴迷，虽然尝试了很多次转让活动，但遗憾的是，都没有被选中。连续几次以失败告终之后，我失望到了极点，所以选择了交换的方式。第一次跟我进行交换的B小姐除了想换的物品，还给了我很多试喝的茶。由于是第一次交换茶，所以被B小姐的好心感动到了，一整周都是喜笑颜开的，心情也很愉快。现在，B小姐和我已相当要好，我们一起吃早午餐，一起喝下午茶，作为好姐妹相处着。这也许是冥冥之中的缘分吧。最初，我与B小姐是通过博客认识的，她是跟我很聊得来的博友，我们是线上相遇线下变亲的红茶四人组中的成员。关于红茶四人组的故事，在接下来会有所介绍。

　　尝试了几次转让与交换之后，我收藏的红茶也越来越多，跟聊得来的博友们分享品尝红茶，也就变得越来越频繁。正是由于橙白毫，我换到了很多红茶，更接触到了那么多各式各样的品种，所以不知不觉中，我也养成了与刚接触红茶的人分享各种红茶的习惯。为了让博友们品尝新的红茶，我通常会寄给他们自己发现的新款红茶，收到红茶后，非常开心而又很感激的博友，通常也会给我惊喜，寄礼物给我。我通常都会因为这意想不到的惊喜而感动得眼泪直流。那些喜欢红茶的人，通常都会特别慷慨大方，在很大的箱子里装上满满的红茶、茶点，还有自己亲手制作的杯垫等，当然也不忘附上温馨的留言条，然后一起给我寄过来。

　　对橙白毫红茶馆的这种惯例不太了解的人，通常会说"哎呀，谁会这么慷慨送这么多东西？"我认为，如果有好喝的茶，能跟喜欢茶的人互相分享，还是很有必要的。在小小的箱子或者邮件袋中装上新买的红茶，然后包得严严实实的，再小心地寄出去，光是想象一下对方收到时的表情，我都会嘴角扬起，心里甜滋滋的。正像"给予就意味着报答"这句话所说的，只要是纯粹地想送给对方礼物，不知道什么时候，就会收到意料之外的礼物。给予的快乐与获得的快乐，同样来源于分享，这使我们的生活变得更加丰富多彩。

　　通常，如果跟别人说"很喜欢红茶"与说"只听传统音乐"所得到的反应是一样的，那么表明，你与对方兴趣不同。像这样不被认同的兴趣，虽然感觉没什么意思，但也不会留有遗憾。如果能有人一起分享，趣味是会加倍的。走进橙白毫红茶馆的所有人，都会很享受红茶时光。与很多喜欢红茶的人分享无论是兴趣还是情感的故事，真的会有无法言说的幸福感。长此以往，不知何时，你可能就会发现，自己迷上橙白毫红茶馆了。

喜欢红茶，或是现在开始想尝试着去了解红茶的人，别犹豫了，去找找橙白毫红茶馆吧。迷恋上橙白毫红茶馆，或许是成为红茶爱好者的捷径。

02 | 山田诗子的草莓茶与红茶四人组

　　线上相遇线下变亲的红茶四人组。幸好有她们，我的红茶生活才变得丰富多彩，面对面坐，一边喝着温暖的茶，一边无休止地畅谈着与周围朋友和家人无法分享的"红茶专用语"，真的是"十年积食，一朝化解"般如释重负的感觉。其中的一位，就是之前提到过的，跟我进行了第一次交换的 B 小姐，她为人爽快，而且眼睛大大的，很有魅力。她喜欢斯里兰卡的

锡兰茶，喜欢喝加了满满香料的茶。她是第一个给我介绍斯里兰卡的锡兰茶（Dilmah）的人。味道微苦、丝滑绵柔而又魅力十足的锡兰茶，与她很像。

　　还有一个是 R 小姐，平时虽然很安静，但后来发现她了解很多茶，也品尝过很多茶，是个不折不扣的红茶爱好者。所以，我每次想尝试新的红茶的时候，都习惯问问她的意见。有一个喝过很多茶，并且能够通过品尝对比，进而给出一些品茶意见的朋友，是多么幸运啊。同时，我也很羡慕，她不仅精通日语，还经常穿行于日本的各个地方。与 R 小姐的缘分，就是这样开始的。

　　日本红茶山田诗子（Karel

Capek）的茶，因为小巧可爱的插画而备受关注。第一次接触的时候，就被它深深地吸引了。散发着甜蜜草莓香气的上等山田诗子草莓茶（Strawberry Tea），有画着粉色兔子的插画与被晒得圆圆的茶叶，还有轻柔的纱质茶包，三者相融合，散发出独特的魅力。看着R小姐在我的博客里留言说她很想念曾经在日本喝过的草莓茶，会不时地在脑海中浮现，我满满地都是羡慕，所以不停地跟帖。看了那些文字之后，令人奇怪的是，我竟然痛痛快快地把我的山田诗子草莓茶分给了R小姐，并且附上便条，一起寄给了她。R小姐收到之后的欣喜若狂是我意料之中的。

因为山田诗子草莓茶而开始的缘分，直到现在还一直维系着，最后形成了我们的红茶四人组。现在也是，我们若见面，还是会愉快地分享关于草莓茶的故事。如此痛快豪爽地分享自己心爱的茶，连同便条一起寄给一个平生素未相见的人，既是勇气，也是缘分。后来，我也多次与初次见面的人分享各种茶，但是，像R小姐这样能与之维持长久友情的，基本是没有的。

可能是跟R小姐之间有太多回忆的原因，我始终记得山田诗子草莓茶那香甜清新的气味与味道。这种茶泡成热茶喝很好喝，但是制成奶茶喝，更能够显露出茶的本色。R小姐推荐的冰奶茶，真是再好不过了。如果觉得冰奶茶制作起来很麻烦，可以先将茶叶放入热水中泡好，再向瓶中倒入满满的牛奶，并加入泡好的茶叶，一起放入冰箱中冷藏一天，美味的冰奶茶就制好了。根据气候，加入些许糖浆也无妨。跟香甜的红茶相比，我更喜欢微微带点苦的红茶，我一般只加点牛奶，为了保留红茶的原味，是不会加糖浆的。虽然我很喜欢无比香甜而又诱人的草莓香味，但是红茶那苦涩的味道更吸引我。

从此以后，虽然不是经常喝山田诗子的草莓茶，但是，只要看到它，还是会不自觉地惬意而又心满意足地微笑起来。无比可爱的R小姐，有着如山田诗子草莓茶那香甜可爱的地方，而她那沉着冷静又理性的样子，则比较像山田诗子的苦涩感。即使忙碌烦乱，也会不时分享给我红茶的R小姐，仅对其感谢是远远不够的。

如草莓般香甜而又酸酸的山田诗子草莓茶，看到它便会令人激动不已。

03 爱憎分明的 Silver，新奇的混合型红茶

　　红茶四人组中除了我，最后一个介绍的是 P 小姐，她喜欢收集可爱美丽的东西，这跟我很像，我们会一起收集与红茶相关的很多东西。特别是在买红茶的时候，我们经常会一起买，这样就节省了很多运费。

　　从喝过的各种各样的茶来看，大多数情况下，我们还是会选择最基本的那种传统红茶。虽然也品尝过很多添加了各种香味、茶叶、花草等的华丽的红茶，但是不知不觉中还是爱上了像大吉岭、阿萨姆、祁门等纯红茶，以及这些纯红茶经过调配制成的英式早茶、爱尔兰早茶等，因为从这些茶中可以享受到茶本来的香味。但是无论是传统红茶，还是那无法言说的带有柔软感觉的草莓冰激凌味茶、拥有着香甜味道的巧克力茶、香草茶，抑或是散发着香喷喷的核桃香味的核桃冰激凌味茶，都充满着乐趣。世界上能够想象到的所有存在的香气，都可以在茶中得以再现，这就是我享受红茶的乐趣所在。

　　能做到将各种各样的香气再现的红茶，非常有名的牌子就是日本的 Silver Pot。Silver Pot 红茶会不断地推出各种新品，更有限量版红茶，推新速度奇快，以至于让人"望尘莫及"。如果今天刚下单买了新品红茶，明天很可能就又出了新款，那些不知不觉中刚推出的新品茶，一

眨眼的工夫就处于断货状态了，大多数情况下是买不到的，所以对于那些刚推出的新品茶，有时也是可遇而不可求的。我能够品尝到各式各样的Silver Pot红茶，还得归功于P小姐。P小姐和我每次买Silver Pot红茶时都会买一大袋，而其中的一半会拿来送给别人一起品尝。反正还会不断有新品红茶上市，所以不需要存很多的量，能够品尝一下就好。每次她尝完新品红茶，一定不忘打电话给我，讲一讲新品红茶的味道啊、颜色啊，总之会分享各种关于红茶的信息：这次新上市的红茶味道一般；这次的新品红茶香味很浓郁，喝着很过瘾；这次的新产品，制成奶茶喝味道会更好……因为有这样狂爱红茶的朋友，我在红茶方面的经验才会越来越丰富。

Silver Pot红茶中，有威士忌、核桃冰激凌味茶、格雷尔伯爵菠萝味茶、樱花茶、巧克力生姜茶、焦糖栗子、枫叶茶、香蕉焦糖、柠檬曲奇、巧克力栗子（Chocolate Marron）、姜饼人曲奇（Gingerbread man cookies）、南瓜牛奶（Pumpkin Spice）等种类，如果一一罗列，是没有穷尽的。想象一下，真的不得不说，这就是加香茶的天堂，光是听到名字就能让人垂涎三尺。不光是加香茶，Silver Pot纯红茶的品质也是最高的，这是很值得夸耀的。单品精制茶大吉岭或尼尔吉里（Nilgiri：印度南部高原地带出产的红茶），还有Hatimara Assam CTC等，都值得一种不落地全都备齐收集起来。特别是用圆圆的阿萨姆CTC制成的加香茶，如果用于制作奶茶，是最佳选择了。

化妆品、包包、鞋子等新款或是限量版，我一点都不会关心，对我而言也没什么意义。但是如果换成红茶，就不一样了，特别是Silver Pot红茶，无论是推出新产品，还是限量版，我都会时刻关注着，一上市我就会立马去买。正是受P小姐的影响，我才开始如此疯狂地喜欢上Silver Pot红茶，时刻关注着它的动静，不会放过任何一个上市的新产品。借此机会，我想再次向P小姐表达我的感谢之情。还有，以后购买红茶的时候，我们也要一直保持合作伙伴关系，并且希望可以一直维系下去。

茶配方04

巧克力奶茶

严冬的时候，来一杯甜丝丝的奶茶吧。
向喜欢巧克力和奶茶的人们极力推荐巧克力奶茶。

| 准 备 | 锡兰、阿萨姆、英式早茶等泡出来比较浓郁的奶茶专用茶包2个，水150毫升，牛奶100毫升，巧克力粉2茶匙 |

制 作

1. 牛奶锅中放入2个茶包，倒入刚烧开的水，泡5分钟左右。

2. 将茶包从泡好的茶水中捞出来，倒入巧克力粉，小火烧至溶化。

3. 将混合了巧克力粉的茶水倒入马克杯中。

4. 将温热的牛奶搅拌出泡沫后，也倒入马克杯中。根据喜好，还可以加入糖浆。

04 | 手工无纺布茶包，
饱含满满心意的红茶礼物

现在不少咖啡厅，把红茶也放到了菜单里。像格雷尔伯爵红茶、大吉岭红茶、英式早茶等，除了这些基本的茶，还有奶茶，都是在咖啡厅菜单里经常出现的。跟一个后辈逛三清洞的时候，偶然发现一家咖啡厅里卖马卡龙搭配着Dammann Frères红茶。红色与黑色交相辉

映，Dammann Frères看上去很高级，营造出一种高雅的氛围。喜悦心情萦绕于怀，我连思考的时间都没有，就急匆匆地跑进去，买了马卡龙和Dammann Frères红茶品尝了起来。茶壶中无纺布茶包里的茶叶，静静地浸泡出浓浓的茶汁，慢慢地品味，别有一番滋味。

"无纺布"这个名字听起来虽然略土，但是不管怎么说，它有很多用途，而且使用起来很方便。特别是用来泡小包茶，还是很好用的。想要在短时间内使泡出的茶香醇郁，可以泡经过CTC碎茶工艺处理过的Fanning茶，与Fanning茶包相比，泡茶叶可能味道

会更好，但是因为泡茶叶花费时间长，步骤又稍显麻烦，因此，这样的无纺布袋是很好用的。

在无纺布茶袋中装入两茶匙茶叶，仔细封起来后，将末端作扇子状折起来，再用各种颜色的线缠紧，然后挂上用图章或者小贴画制成的标签，这样，只属于自己的茶包就大功告成了。再用小号的保鲜袋和纤维袋重新封一下，更容易保留住香气。我一直用这样的方式制作茶包，把它送给朋友们作为礼物。收到无纺布手工茶包的朋友们都会觉得那些茶包饱含着我满满的真诚，因此都舍不得喝，还连连向我表达感谢之情。总有喝过手工茶包后再喝其他茶包的朋友抱怨说，其他茶包都没有什么味道。

现在虽然并不太忙，但是总没有充裕的时间。如果硬要以忙为借口，那就是因为要照看正在茁壮成长的女儿，所以没有精力。现在，若看到无纺布袋，我还是会很想念亲自制作茶包的时光。我期待着跟女儿一起制作茶包的那一天。

茶贴士03

用无纺布制成的手工茶包

准 备 无纺布袋，红茶，线，针，牛皮纸，图章，小的纤维袋或保鲜袋

制 作
1. 剪裁出大小合适的牛皮纸，并且在上面盖上图章。在图章后面可以写上红茶的信息或红茶的保质期。

2. 在无纺布袋中装入2~3克茶。无纺布袋上部折成扇子模样。

3. 折成扇形的部分用线多缠几圈，然后让针从线圈中穿过，再缠几圈后，将针从另一侧穿回来。

4. 用针把盖有图章的牛皮纸缝在茶包上。在制好的茶包外面再套上一层小的纤维袋或保鲜袋，这样茶叶的味道就不容易散发出去了。

05 | 有茶之处所绽放的小小幸福

　　我跟许多人一样，很相信血型。在这一点上，我就是那种一旦对某件事激发起兴趣，并且开始付诸行动之后，就会完全陷进去的性格，是很典型的B型血。这样的我，最终跟同是B型血的男人结了婚，生的女儿也是B型血。因为B型血的性格像火一样，一旦点燃就很难熄

灭，所以我们三个一旦吵架的话，就很难收场，一定要吵个热火朝天。可即使如此，我也喜欢B型血。虽然外表很安静，但热情的时候确实很热情，我很喜欢充满激情、热情满满的生活。

　　很幸运这样的热情能够与红茶联系在一起，得益于红茶，生活的热情才得以加倍。简单地喝喝红茶，是远远无法满足我的。我更爱享受悠闲从容而又华丽无比的下午茶；工作时，再泡一杯茶，以解渴和放松；稍微有点饿的时候，泡一杯醇香的奶茶；在寒冷的冬天吐着哈气，喝上一杯暖身又暖心的茶……由于对红茶满满的爱，喝茶已成为我日常生活的一部分。喝茶的时间，俨然

红茶好像能够使人与人之间的关系变得更亲近。

成了我尽情享受自由与幸福的时光。但是，我仍然希望会有新的事物出现。

　　通过对国内外茶知识图书的阅读，我越来越感觉茶是一门学问，越发如饥似渴地想去深入了解。有关红茶的所有东西我都想学习。如此一来，我就干脆找了一个可以专心了解茶文化的地方，即圆光数码大学的茶文化经营学院。为了听关于红茶的第一堂课，我忍受着寒冷刺骨、甚于严冬的倒春寒，进入教室时，迎面感受到的却是温暖的红茶香气。"很冷吧？喝一杯茶暖暖身体吧。"至今仍没有忘记对教授的第一印象：带着和蔼的微笑，正在优雅地泡着茶。通过这一句话，还有那一举一动中展现出来的闲适，足以让我感受到教授对茶真正的热爱与珍惜。

　　在红茶课的休息时间，我常常泡茶。并不是按照泡茶的黄金定律正正经经地操作，而是在闹哄哄的环境中，边聊着天边泡，再将泡好的茶倒在每个人的杯子里，或者直接在杯中倒入水，放上茶包，然后互相分享着，谈笑着。在烧开的茶中续进开水，使茶水被冲淡，有时也会一个茶包反复地泡上几次——大家一起饮茶畅聊的下午茶时光，真的很愉快。刚开始的时候，大家只觉得挺尴尬，看着对方的脸只会不停地笑，在来来往往的眼神交流中，传达着一种无法言说的情感。一周虽然只见一次面，但是这种一起品茶的关系真的很特别，我们彼此之间渐渐地越来越熟悉和相似了。

我对一周一次的上课开始变得非常期待，祈祷它快点到来且结束得慢一些。尽管关于茶的疑问一个一个得到解答的过程很有趣；听教授讲她那丰富多彩的经历也很美好，但是，课间休息的时候，我们大家分享着彼此的故事，毫无距离感地聊天，是我最喜欢的。手里端着刚泡出来的、热腾腾的茶，时不时地欣赏一下对方的茶杯，把自己刚买的新品茶给大家看看，分享一下日常生活中点点滴滴的故事……真的很享受这样的时光。在这个以茶会友的课堂上，有每周一从江原道乘火车赶来的阿姨，有想要让我推荐几种好喝的茶，特意跑来询问的后辈，我真的很高兴认识这些人。除此之外，还在偶然间认识了西班牙语说得很好的前辈，起初还以为是后辈，后来惊奇地发现，竟然是比我年长的前辈；还有经常玩博客，并且在博客上很努力地写文章的前辈；也认识了正享受着甜蜜的新婚生活、长得很漂亮的后辈。

由于对茶有着共同的爱好，我们聚在一起，从相识到相知，我们怀揣着同样的热情，如果以后能够一起走下去就更好了。韩国的茶文化，对很多领域都产生了巨大的影响，如果能够广而告之，加以传播和推广就好了，这是我所希望的。

06 | 有机花草茶，与女儿共享下午茶

　　我女儿从出生的时候起，更确切地说，从还在我肚子里的时候起，就已经开始每天陪我喝下午茶了。一边喝着暖暖的花草茶，一边抚摸着肚子跟女儿窃窃私语："我喝的茶是可以让我心情舒畅，同时对预防感冒也有很好效果的黄春菊。"女儿也会轻轻地踢我的肚子作为回应。在不太会动，只能乖乖躺着或原地坐着的小婴儿时期，女儿只能呆呆地眼巴巴地望着妈妈一个人坐在窗边喝下午茶。从刚学会爬时开始，女儿就经常在喝下午茶的我脚边爬来爬去，甚至还会来拽我的裤腿。有时，甚至会自己在茶托上坐着，一边自己蹦跳着玩耍，一边看着爸爸妈妈亲密地喝茶的模样，时不时地露出可爱的微笑。女儿从蹒跚学步的时候起，就开始跟着妈妈坐在茶几旁享受下午茶了。当然女儿喝的是用吸管杯盛的牛奶。

　　从女儿刚满两岁的时候起，就开始陪我一起享用下午茶了。我把想喝的茶泡好，稍稍放凉之后，给女儿倒上一杯，就这样，两个人在简简单单的茶几旁面对面地坐着，一起享受着只属于母女二人的下午茶时光。铺上漂亮的桌布，点上蜡烛，然后把准备好的茶壶摆到茶几上，都放置好了以后，各种各样的氛围就随之而生了。妈妈跟女儿享用下午茶的愉快时光，真的很幸福。

和妈妈一起静静地享受下午茶时光的宝宝琪媛，现在我们有了共同的爱好。女儿喝茶的样子真的很可爱。

偶然间弄到的专为小孩设计的有机茶。

　　像往常一样，喝下午茶的时候，我都会为女儿挑选桌布。我也不知道她到底是否知晓，这是我为她精心挑选的，但是孩子们看到各种各样颜色的桌布都会很喜欢。每天挑选的桌布颜色是根据每天不一样的下午茶安排决定的，再拿出与桌布相搭配的茶杯和碟子，则一切准备就绪。有些茶杯又贵又沉，女儿使用起来还不方便，所以我就给她准备了稍微轻一点的加藤真治（Shinzi Katch）的琉璃茶杯。我喜欢的爱丽丝梦游仙境茶杯，琪媛也很喜欢。对于没有茶托的马克杯，可以在下面垫上一张桌布纸，不同的下午茶，不同的桌布纸，也带来不一样的心情。女儿有时候也会连连说："好漂亮。"听到女儿的夸赞，我满心欣慰，兴奋不已。女儿喝完茶之后，一定要把自己的茶杯放在桌布纸上。她很清楚地知道，那里就是放茶杯的地方。

　　与女儿一起度过的下午茶时光，一定不会落下的就是蜡烛。跟其他的孩子一样，只要看到蜡烛，她就会唱起生日快乐歌然后吹灭蜡烛，到下午茶结束的时候，还会再次唱起生日快乐歌，然后吹灭蜡烛，整个下午茶时光，她都一直沉浸在如此的乐趣中。花盆或者小模型，这种装饰也会被放在茶几上，烘托一下氛围，女儿最喜欢的东西就是系着红色飘带的小熊模样的蜡烛了。不会点燃它，只是作为装饰而已。女儿一边"小熊小熊"地叫着，一边喝着我给她准备好的下午茶。喝下午茶的时候，如果准备点孩子吃的饼干或者水果，派对的氛围就出来了。有时候会在牛奶壶（Milk Jug：喝红茶的时候，为了配上牛奶而使用的道具）中倒上牛奶，然后再倒入茶杯中。罗纳菲特（Ronnefeldt）的热巧克力南非茶，如果配上牛奶，味道真的好极了。

布置好茶几之后，女儿就会坐在我旁边的座位上，絮絮叨叨地跟我说话：托儿所里谁欺负谁了，谁被欺负了；一天都做什么了，跟小伙伴们玩什么了；等等。对于她的问题，我也都是含糊其词地回答一下。说话的同时，如果蜡烛熄灭了，一定会再一次点燃。对女儿来说，吹蜡烛是下午茶中最重要的仪式。这样的下午茶时光，其中最令我幸福的就是跟女儿眼神交汇的瞬间。由于喜欢孩子，所以会有各种不一样的体验，喝下午茶，只是作为一种方式而已。喝着热乎乎的茶，同时彼此可以很专注，这是最珍贵的。

南非茶或者花草茶之类，由于不含有咖啡因，并且添加了对身体有好处的成分，所以对孩子们没有什么害处。事实上，在外国，从孩子很小的时候就已经开始喝花草茶和南非茶了。为了孩子们，很多地方都会卖很纯的有机花草茶。刚开始的时候，我也是抱着试试看的心态，以有机花草茶为主，给女儿泡着喝。喝过之后才发现，大多数有机花草茶与一般的花草茶相比，更加柔和醇正。

女儿最喜欢的茶是阿玛德的薄荷柠檬茶（Peppermint & Lemon）。这种茶的薄荷味很柔和而且很醇正，对于喜欢薄荷香的我来说，很是受用，对于不喜欢薄荷香的人来说，它的香味也是很容易被接受的。琪媛也是，其他的薄荷茶，就算已经很温和了，她也还是会强烈地拒绝，但是这种茶，她会咕咚咕咚大口大口地喝。它的柠檬香，也能够隐隐约约地被感受到，饮茶人的心情因此会变得无比畅快。

有很多妈妈都苦恼于不知道跟孩子在一起可以干什么，怎样与孩子玩耍。我想说的就是，就享受日常生活就好了。洗碗的时间，做饭的时间，种花草的时间，喝茶的时间……都可以跟孩子一起度过。如果还是有点苦恼，我可以具体地介绍一下我的"陪玩"心得：首先一定不要担心孩子把桌布弄得很乱很脏，把碟子打碎了也不要怪罪孩子。弄乱可以重新摆整齐，弄脏可以洗干净，如果打碎了碟子，再买新的就好了。想和孩子真真正正地尽兴玩耍，就需要接受孩子的很多行为，给她充分的自由。从女儿还在我肚子里开始，我就与她一起享受下午茶了，直到现在，我们一直持续着只属于我们两个人的下午茶时光。

07 | slow & self，做手工与下午茶的偷闲时光

我很喜欢针线活，但做得并不好，只是单纯地喜欢而已。虽然不能说针线活做得好，但是说喜欢还是可以很理直气壮的。已经很长时间没有碰过的简易针线活和编制手工，在我怀孕的时候，又重新拾起了。因为对胎教有好处，而且也有利于孕妇的情绪稳定，我在情绪容易激动的时期，做了一些婴儿上衣和婴儿玩具。但是随着对红茶越来越着迷、映入眼帘、使我眼前一亮、燃起我做针线活欲望的则是各种茶垫。

从五颜六色各种可爱的图案开始，挂着花边的华丽织布、可爱的圆点图案、简单的格子图案，再到充满着无限女孩子气息的花的图案……仅仅是看着各式各样五颜六色的织布，都是满满的感叹。用这样的织布制成杯垫和茶壶套，真的很令我欣喜。世界上有很多喜欢做手工的人，也有制作出这样的手工艺品出售的，我的手艺不好，制作出来的东西如果拿出去卖，不免有点逞强，但我还是产生了想做做试试的欲望，娱乐一下。

能够拿起针线做手工，虽然很不容易，但很值得尝试。回想着高中时

期学做家务，一针一线，精心地做手工，仿佛时光倒流了。无意间，看到自己做的最简单的杯垫，连连发出感叹。长宽各7厘米的这个小东西，刚完成的时候，看着它别提有多开心了，满满的自豪感。刚做好的时候，真的很想用一下这个在我看来很漂亮的杯垫，所以我特地连着几天用马克杯泡上茶包，配合用这个杯垫以享受喝茶的乐趣。我也由此而自信心爆棚，开始尝试制作其他茶杯垫，还给自己置办了一台迷你缝纫机。现在的我，有一台迷你缝纫机在手，也很像那么回事儿了，制作简单的小玩意，没有任何问题。

用迷你缝纫机"嗒嗒嗒嗒嗒"几下，一眨眼的工夫漂亮的茶垫就完成了。有时候，为了做出来送给朋友，需要做很多个，虽然也会用缝纫机，但大多数情况下我都会亲手缝制。阳光明媚的日子里，我会坐在窗边的摇椅上，泡上一杯清香宜人的茶，一边品着茶，一边做着针线活，手指慢慢悠悠地做着动作，不但全身的紧张感全都消失了，而且令我神清气爽。此外，有时也会产生仿佛一只云雀飞来的感觉。事实上，如果着迷于边做针线活边喝茶，不仅会使心情变得舒畅，也会使紧张的心情得以松弛。无论如何，有一杯茶与针线活的陪伴，真的会使心情变好。

现在也是，自己一个人的时候，会经常坐在摇椅上做针线活，在女儿琪媛埋头自己玩耍的时候，也会拿出来做一下。有时候正专注地做着针线活，抬眼一看，却不知从什么时候开始，琪媛正站在椅子旁边，好奇地盯着我。给她一个做好的杯垫，她就会一边雀跃着蹦蹦跳跳，一边说着"好喜欢，这是琪媛的"，一边紧紧地抓在怀里，真的很有意思。从不妨碍我做针线活的可爱的琪媛，真的很了不起。希望以后女儿也能尽情地享受这种slow & self文化。即使哪里也去不了，还是可以享受精神上的自由时间，这是多么有价值、多么珍贵啊。

有很多人很羡慕能拥有一杯茶的自由时间，非常想去享受这样的自由。回顾自己的生活轨迹，我们一定要给自己留出一点缓慢而又安静的时间，因为这样的时间，能使我们心理上变得更有安全感。喜欢茶的人，会更想去自己亲手制作杯垫。为了自己的下午茶，"亲手制作茶具"将会成为比什么都值得回忆的经历。但是，对这种事"中毒"太深，可是会成瘾的，所以小心点哦。

我制作的可爱茶杯垫

给朋友和邻居制作的杯垫。

准 备　边长12厘米的正方形织布2张，线，针，定位针

制 作

1. 准备好边长12厘米的正方形织布。

2. 从织布边缘起，向内侧1厘米处划出折线，把两张织布背对背放在一起，使划线的部分重合，然后用定位针固定住。

3. 窗眼差不多留出5厘米左右，把四周剩下的部分缝起来。若棱角处像照片一样处理，那么往外翻出来的时候会比较工整，看上去比较干净利落。

4. 如果想挂上标签，只要在两张布之间把标签夹进去，然后缝在一起就行了。

5. 接下来就是从窗眼往外翻。用暗缝把窗眼缝起来，再用熨斗熨平就大功告成了。

08 | Je t'aime，比爱情更甜蜜的红茶

我想无论是谁都会记得刻骨铭心的初恋吧。在那个懵懵懂懂的时期，只能远远地望着心中的那个人。

有一种茶，每次喝的时候都会让我想起初恋，想起"爱情"。不是 I Love You，不是 Te quiero（西班牙语：我爱你），也不是我爱你，而是Je t'aime，它是法语"我爱你"的意思，这种红茶就如爱情般甜蜜。从迷上它的那一刻起，法国就开始成为了我脑海中隐隐约约憧憬的对象，而在此之前，我甚至连这个茶的名字到底是英语，是德语，还是西班牙语都不知道，后来才知道这是法语。从名字开始慢慢喜欢上甚至迷上的Nina's的Je t'aime，茶叶带有浓郁的焦糖香味，这在红茶爱好者之间是广为人知的。

茶桶是浓烈的红色，魅力十足的Nina's，是法国的牌子，茶叶中散发出的是法国特有的浓烈香气。喜爱红茶的亲朋好友们，在一起喝红茶的时候，每次听到"这茶喝起来不像茶而像香水"的话时，我脑海中就会不自觉地浮现出

红色的茶桶。Je t'aime是Nina's中我最早购入的红茶，那时目不转睛地盯着这个耀眼的红色茶桶，特别兴奋地打开它的情景，至今还历历在目。使全身融化般甜蜜的焦糖香味扑鼻而来，甚至有点精神恍惚的感觉，这可能就是甜蜜醉人的境界吧。取出点茶叶，咔嚓咔嚓嚼着吃，就像把焦糖放入嘴里咀嚼一样。在烧茶水的时候，从茶壶中散发出来的清香扑鼻而来，袅袅婷婷，萦绕不绝。

终于，茶泡好了，倒入茶杯中，就这样一杯接着一杯，品味着茶的香味。与刚刚相比，虽然更加柔和，但仍旧保留着甜蜜嫩滑的香味，真的很招人喜爱，传达着爱情的甜言蜜语，由此看来，这茶仿佛就是专为爱情而存在的。痴情于彼此的恋人，相对而坐，一起品茶，应该会不错吧。直接泡来喝固然不错，但是浓浓地泡出来之后，再加糖加奶制作成奶茶，也许更能感受到它柔和嫩滑的魅力。

　　我好像还没有说喝Je t'aime时的感受：那就是浓郁的焦糖香气扑鼻而来，甜蜜而又微带苦涩。就像爱情，甜蜜中微带苦涩的爱情，难道不会更有魅力，充满更多乐趣吗？因此，我喜欢Je t'aime。

茶配方05

东南亚式炼乳奶茶

在东南亚喝过甜蜜又浓郁的炼乳奶茶。
喝一杯对缓解疲劳有好处的甜甜的炼乳奶茶，会使你精力充沛呦。

准 备　锡兰茶包2个或茶叶5克，炼乳3茶匙，水200毫升

制 作　1. 200毫升水烧开后，放入茶叶或者茶包泡大约3~5分钟。

2. 在杯底盛上炼乳。可以根据自己的喜好调节炼乳的量。

3. 将泡好的茶水缓缓地倒入，可以看到明显的分层现象，喝的时候充分搅动。

09 黄春菊与蜂蜜，唤醒记忆的钥匙

电影《爱在黎明破晓时》中出现过一个场景：布满典型的法国气息的环境中，在Celine的公寓里，Celine边弹着吉他边哼唱着歌，Jesse则在一旁跟着艾希莉·辛普森（Ashlee Nicole Simpson）的歌的旋律哼唱起来。在只属于两个人的浪漫时间里，黄春菊茶出现了。Celine给Jesse泡了一杯黄春菊。按Jesse提出的要求，在黄春菊里加入了蜂蜜。

经过9年才得以重聚的Celine和Jesse，在他们独处的场面中，出现的不是别的，而是黄春菊茶。对我而言，与那个场景中他们的对话相比，他们手里端着的黄春菊茶更令我好奇。虽然之前听说过，也可以在黄春菊中加入蜂蜜，但是看到电影中的Jesse在黄春菊里加入蜂蜜时，我真的好想尝尝那个味道。

因为做着翻译电影和电视剧的工作，我经常会碰到电影中出现的下午茶场面。以英国为背景的电影中，是肯定会出现茶的。但是，我还是对电影《爱在黎明破晓时》中的那一杯黄春菊茶久久不能忘怀。虽然在电影中一闪而过，但它的香气仿佛传到了屏幕之外。与黄春菊的香味一起，过去的记忆也隐隐约约地在脑海中浮现出来。

　　在西班牙马德里进修语言期间，我最常喝的是牛奶蜂蜜咖啡（cafe con leche）。虽然经常说成咖啡拿铁，但是西班牙人觉得cafe con leche与咖啡拿铁不一样。不用大马克杯，而是在小巧玲珑的杯子中倒入浓缩咖啡和同样浓郁的带有泡沫的牛奶。在开阔的广场上，沐浴着炙热的阳光，或者在忙碌的早晨，吃着抹上杏仁酱的香脆烤吐司，再搭配上cafe con leche，那种感觉至今记忆犹新。

　　语言进修课程结束后，跟西班牙国立大学的学生一起，上了差不多两个月的英语会话自由交谈课程。当时叫我"少女"的一些辅导班的老师，对一个连西班牙大学的现地址都不知道的语言进修生，传授了他们鲜活的文化。老师的名字我至今没有忘记，她叫玛利亚。返回韩国的前几天，在最后一节课上，玛利亚送给我一个上面画有苹果花的茶包盒子作为礼物，并对我说，虽然我知道你喜欢咖啡，但是一定要尝一尝这种茶，虽然也没剩几天了，但在西班牙这仅剩的几天里，就让这种茶陪着你度过夜晚吧。我照做了，在马克杯中泡上满满的茶，加点蜂蜜或者砂糖，真的很好喝，这是一种会使我心里变得很暖的茶，我好奇地眨着眼睛，并对它回报以温柔的目光。多亏了玛利亚和黄春菊茶，在西班牙最后的那几个晚上，我感到无比的温暖。

　　现在喝黄春菊的时候，也会想起叫我"少女"的玛利亚，她的内心是那么的淳朴又温暖。很长一段时间我都不知道，Manzanilla跟黄春菊是同一种茶，还记得当初费了很大力气找Manzanilla。那时极度喜欢Manzanilla，尽管它并没有同黄春菊一样使我内心变得很温暖。虽然Manzanilla就是黄春菊，但那时却认为Manzanilla，就只是Manzanilla而已。

　　看电影《爱在黎明破晓时》的时候，我也会不由自主地想起那个叫我"少女"的可爱的玛利亚，还有隐隐约约在脑海中徘徊的记忆。很长一段时间里，我都会在马克杯里泡上满满的黄春菊，然后加上蜂蜜。一杯加了蜂蜜的黄春菊，使我始终保存着对西班牙的那些记忆。不管怎么说，装载着记忆的茶是很特别的。

10 | 下午茶套餐与女人们的闲聊

坐在盛着三明治、司康和各种蛋糕的下午茶三层架前，我与朋友们尽情地谈天说地。茶壶里的水没了，就再加入温水，茶泡好后，继续一边喝茶，一边沉浸在聊得火热的话题中。面包和蛋糕在嘴里慢慢融化，身边还有聊得来的朋友，还有比这更幸福的吗？

与丈夫相比，下午茶套餐更适合跟聊得来的女性朋友们一起享用，这样或许会更有意思。即使已经吃得很饱了，但还是想吃甜甜的蛋糕、软软的奶油泡芙、涂着奶油芝士的司康，还有夹着

鲜脆黄瓜的三明治……这样的下午茶套餐，不妨再搭配一杯优雅的红茶试试，会是不错的选择。虽然不是经常，只是偶尔跟朋友相约共享下午茶，但这对朋友和我而言，仍旧是非常满足而又幸福的时光。

据说英国人一天会喝7~8次茶。有早上一起床，在床上喝的Early morning tea，

光是看到就会觉得很幸福的下午茶套餐，只要有红茶，女人们之间的闲聊就可以开始了。

虽然只喝红茶也可以，但是肚子微微有点饿的时候，搭配点面包或曲奇也不错。

吃早餐的时候喝的Breakfast tea，11点左右的时候喝的Elevenses，从贵族文化中发展而来并引以为傲的华丽的下午茶Afternoon Tea，吃晚餐的时候，与肉相搭配的Meat Tea，又名High Tea，饭后喝的After Dinner Tea，还有睡前喝的Night Tea。尽管现在这样名目繁多、面面俱到的工夫茶减少了很多，但是直到现在，没有茶的英国生活仍是没法想象的。对这种英国的红茶文化做出最大贡献的就是下午茶了。

英国的贝朵芙（Bedford）公爵夫人安娜，在午餐与晚餐之间有点饿的时候，会来点红茶和点心。她觉得这种感觉真好，便邀请友人共享，下午茶由此诞生，并且在上流社会贵妇之间流行并发展起来。上流社会在社交场所都会费尽心思地准备下午茶，因此桌面摆盘和瓷器类也得到了极大发展。下午茶也许是从"女人之间"的品茶时光开始的。漂亮的桌面布置与孩子们喜欢的茶具，无论什么都与女人们的喜好取向相符合。一杯接一杯，也不知道喝了几杯，一个话题结束接着换另一个话题开始，就这样闲聊着，或许只有在女人之间才会这么尽兴。

最初仅仅局限于上流社会的下午茶，后来变得越来越大众化。劳动阶层也会在吃晚饭的时候搭配上下午茶，叫作Hight Tea。下午茶也有其他名字，例如它也被称为Low Tea，这取决于喝下午茶的时候使用的桌子的高度。因为有时喝下午茶的时候，使用的是很矮的简易桌子，所以被称为Low Tea。劳动阶层一般在吃晚餐的时候搭配下午茶，是在比较高的餐桌上进行的，所以被称为High Tea。

华丽的桌面摆盘与漂亮的茶杯，再加上三层架，无论是在东方还是在西方，对女人们来说都是无比浪漫的。之前在英国电影中偶尔可以瞥见下午茶，它对于很对人来说都只是幻想。可现在，在欧洲、中国香港、日本等地很容易接触到的下午茶文化，在韩国也越来越容易见到。现在，在韩国也很容易找到像模像样的下午茶套餐，我想特别推荐的是：位于三成站，包括Park Hyatt宾馆在内的乐天百货商店的Salon de the，位于大学路的慢蜗牛的爱情，位于林荫道的The Afternoon，还有新村的Tea Caddy。若想体验比较有特色的下午茶，三清洞的Salvia茶馆，孝子洞的Salon de the也很不错。现在下午茶套餐在专门的茶馆是很难碰到的。

偶尔，想体验一下优雅的贵妇生活的时候，或是想享受一下不同风格的文化的时候，再或是肚子饿了想吃点东西、想喝杯暖茶的时候，可以试试下午茶。与蛋糕和咖啡的套餐相比，下午茶套餐的选择更丰富，价格也比想象中实惠。一份下午茶套餐，再另加一杯茶，两个人就能吃得很饱。如果真的特别想喝下午茶，就跟女性朋友一起去吧。

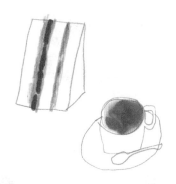

11 | Lupicia 绿碧茶园，清香的乌龙茶

不知为何，提起乌龙茶就会想起爷爷奶奶。虽然不知道是否只有我自己这样，但我第一次想喝乌龙茶并真的接触到这种茶的时候，确实不由自主地想起了他们。不知为何，感觉自己一下子上了年纪，一丝苦涩浮上心头。使我对乌龙茶的那种偏见得以改观的就是日本的绿碧茶园（Lupicia）。

韩国也引进过这种茶，但令人遗憾的是，早在2009年商店就倒闭了。绿碧茶园以味道

醇香而又可爱的红茶和完全超乎想象的乌龙茶最为有名。它的乌龙茶是加入了水蜜桃、菠萝、甜瓜、芒果等的加香乌龙茶。乌龙茶的茶叶经过浸泡，它那甜蜜而又迷人的水果香味就会散发出来。初次品尝这种茶的客人，无一例外都会感到很吃惊，就如同我初次接触这种茶一样。醇香柔滑的乌龙茶与水果真实而完美地结合在一起，无论是热饮还是冷饮都不错。在矿泉水瓶中放入适量的乌龙茶，然后放入冰箱里冰镇一周左右，拿出来把茶叶过滤掉喝喝看。夏天，茶中放入几块冰，喝起来真的很凉爽。

我对乌龙茶日益着迷的时候，会经常出去参加有关茶的小聚会。同样

喜欢茶的五个女大学生聚在一起，相约在温馨而雅致的Youyatea咖啡厅。在这里边学习中国茶的各种内容，边享受这些茶的味道，在这个过程中，寻觅着人们之间的缘分。在位于韩国新村的蒲公英部落中，她们拿着沉重的茶托和各式各样的茶具，有些

吃力地走过来，给我们泡各种平时很难遇到的中国茶，她们的样子犹如一首诗。与平生第一次见面的人们边喝茶边分享自己的故事，谈笑风生，虽然最开始的时候可能感觉有点尴尬，但是很快就会变得很熟络了。

　　除了绿碧茶园的水果加香茶之外，多亏在Youyatea咖啡馆认识的Y小姐，我又完全迷上了凤凰单丛。凤凰单丛是乌龙茶的一种，它作为中国的乌龙茶，凭借优良的品质与香味，受到大家的推崇和喜爱。如熟透的菠萝一般，这种茶带有一种焦烟味，柔柔淡淡的。如果能品尝到它那细腻而又香甜的味道，是没有理由不被它迷住的。收到了朋友作为礼物送来的一桶凤凰单丛，几天下来，忍不住一喝再喝，一转眼就见底了。细长的茶叶与凤凰单丛的浓郁香味相结合，是无论什么时候都会让人心动的。

　　我一般不会纠结于在怎样的咖啡馆相聚这种事，我觉得都无所谓。然而，如果心里空落落的，或是想寻求安慰的时候，又或是需要一个舒舒服服的休息场所的时候，我常常会想到Youyatea咖啡馆。就算没有任何语言，光是一杯茶，也可以成为理解我的唯一的安身之处。

　　茶是无穷无尽的。我们经常喝的绿茶如此，变得越来越普遍化的红茶也是如此。像凤凰单丛这样的乌龙茶也是，了解过之后，就会发现它的种类繁多，真正喝一下尝尝，不被它的魅力所吸引是不可能的。最近大家比较注重通过挑选各种不同的茶来喝，从中获得多样的乐趣，只知道速溶咖啡和玄米绿茶的人们，如果能够接触一下这个世界上所存在的其他各种各样的茶就好了。甚至，在卖红茶的商店里，向售货员咨询一下简单的红茶知识，哪怕只是得知这种红茶是什么红茶以及产自哪里，也是很值得的。

　　Youyatea咖啡馆虽然比把我引入红茶世界的橙白毫规模要小，但却洋溢着温暖的情意。

对茶稍微感点兴趣，想知道大体上有哪几种茶，并想尝一下的；或是想了解红茶所代表的文化与心情，想体会一下人们之间的温暖情意的，不妨到Youyatea咖啡馆来看看。在这里，可以接触到从来没有听过也没有看过的崭新的世界。

12 | The O Dor 特奥多尔茶，无法抵挡的诱惑

"哎呀，这种茶太好喝了。是哪里产的？"对茶有点了解的朋友这样问我。我回答朋友："这是特奥多尔茶，法国的牌子。""真的吗？这真的是法国的牌子？"朋友听了之后，脸上显露出难以置信的表情。以后，每次来我家的时候，她都会找特奥多尔茶来喝。

法国的茶都很华丽，洋溢着无法言喻的法式香气，并散发出一种法国贵族所特有的高傲感。Mariage Frères、馥颂还有妮娜，都是如此。从华丽而高级的茶桶开始，无一不散发着它们独特的魅力。但是，有一个牌子，人们一般会毫不留情地对它持有偏见，那就是特奥多尔茶。

特奥多尔茶与其他牌子的茶相比，历史非常短。但是它却凭借实力过硬的制作工艺与对茶的热爱，在短短的时间内可以在偌大的茶市场上分得一杯羹，并在全世界声名远扬。Mariage Frères 与馥颂等茶在市面上很容易碰到，但是特奥多尔茶却十分罕见。特奥多尔茶是不可小看的，它以红茶为基础，还有日本的绿茶、中国的绿茶、路易波士茶等各种各样的茶，以及众多经过混合调配的茶，每天都有新的茶被研制出来。

特奥多尔茶，从法语上解释其含义，很像是茶、水、金组合起来的意思。如此说来，就是用水把茶泡出来，然后制成

黄金的意思，泡好的红茶带有金黄色，由此得名。用特奥多尔茶制成的 Guillaume Leleu 茶的魅力，无论是谁都是无法抵挡的。特奥多尔茶是远远超出想象的。法国人喜欢喝加入了各种各样香料的茶，所以制造出了很多加入了花和水果的茶，这些加香茶看上去时髦而又有品位，亦不失华丽。特奥多尔一有新茶上市，我都会无比激动：这种茶是经过怎样的混合调配而制成的？加入了什么香？又有着怎样的故事？我对这一切都充满了好奇。特奥多尔茶一次都没有令我失望过。作为一种充满幻想又出色的混合调配茶，无论是视觉、嗅觉还是味觉，都给了我极大的满足。特奥多尔茶散发着无与伦比的醇厚浓香，无论是味道还是香气，都能够让你感受到法国特有的高傲与淡淡的情韵。更值得一提的是，多亏他们独特的东方主义，让我们能够从特奥多尔茶上感受到一种亲切。当然，大部分都是续写了中国与日本的茶文化，但是，完全沉醉于东方魅力的我，只是看到各种各样的茶桶和茶具，心里就美滋滋的。

能够对特奥多尔茶如此了解，还得多亏了出口部门的 Jacques。我想要写介绍特奥多尔茶的文章，由于没有相关信息，就给 Jacques 发了邮件，问他能不能把特奥多尔茶的相关资料发给我。于是就收到了亲切而又细致的回答。从那以后，Jacques 会偶尔用邮件跟我打招呼，或是给我发更新后的资料等，给予我超出期待的热情帮助。现在，如果可以去法国，我首先要去的一定是特奥多尔茶的卖场。

虽然与特奥多尔茶算是老友了，但它总给我一种恍如昨日刚相识的感觉。对于特奥多尔茶，虽然从刚开始到现在，一直在喝，但是每次喝都有不一样的感觉，就跟喝新茶一般，对它的喜爱也是一成不变的。与那些以历史与传统自居的茶相比，特奥多尔茶总有不同的新鲜感。大家如果有机会，一定要和好朋友一起喝喝看。

茶配方06

凉爽甜蜜的冰红茶

做起来很简单，喝起来又很凉爽的冰红茶。
在炎热的夏日，为疲惫的身体注入活力。

准 备 金伯莱或其他牌子的茶叶6克，水300毫升，糖2茶匙或者糖浆适量

制 作
1. 金伯莱红茶产于斯里兰卡西南部高原地带的金伯莱地区。

2. 在300毫升热水中放入6克茶叶，泡3~4分钟。时间跟平时一样就可以了，因为放入的茶叶是平时的两倍，所以泡出来的茶水自然会浓一点。

3. 如果没有糖浆，就放入2茶匙砂糖，溶化之后，将冰块快速倒入，使茶水快速冷却。如果倒入得不够迅速，茶水很容易变浑浊。

4. 也可以不加糖，或者依据气候加点糖浆进去。最后，可以在茶杯中放入薄荷叶装饰。

1   2   3   4(a)   4(b)

为初学者推荐的茶

第一次喝红茶，好多人会觉得很涩，甚至难以接受。

现在，觉得不那么涩了，并且加入了其他的味道和香气，喝起来就没有什么负担了。

我给第一次接触红茶的人们推荐几款不错的红茶。

1. 亚曼–草莓茶（Ahmad–Strawberry）散发着香甜的草莓香味，是一款非常迷人的红茶。虽然每个人都有自己的偏好，但这种茶，在草莓加香茶中是最合我心意的。

2. 喜乐宁神安睡花草茶（Celestial Seasonings–Sleepy Time）是由黄春菊、薄荷等草本植物集合而成的花草茶。对健康有好处，香味也不是太浓，对那些不喝黄春菊和薄荷的人来说，也可以接受，可以用来帮助睡眠。

3. 迪尔玛焦糖茶（Dilmah–Caramel）被评为焦糖加香红茶中最好喝的一种。茶包上的焦糖图片给我留下了很深的印象，用作纯红茶或是制成奶茶都是不错的。

4. 哈尼桑尔丝的 Hot Cinnamon Spice（Harney & Sons–Hot Cinnamon Spice），喜欢生姜桂皮的话，一定要尝一下 Hot Cinnamon Spice。喝热的固然不错，但要是冰一下，会有不一样的感受。

5. 格林菲德的 Earl Grey Fantasy（Greenfield–Earl Grey Fantasy）既不会太浓，也不会太淡，是带有浓郁佛手柑香味的魅力十足的红茶。像茶包上的图画一样，给人一种古朴的感觉。

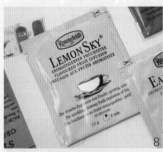

6. 罗纳菲特英式早茶（Ronnefeldt-English Breakfast）能让人感受到红茶那种柔嫩与醇正。罗纳菲特的茶大多数都很好喝，所以很想向刚接触红茶的人们推荐。

7. 妮娜的Je t'aime（Nina's-Je t'aime）犹如它的名字"爱情"一般，给人如爱情般的甜蜜。它是一种比较高级的红茶，可以令你尝到不会腻的焦糖味。强烈推荐制成奶茶。

8. 罗纳菲特柠檬天空果茶（Ronnefeldt-Lemon Sky）是带有清爽的柠檬香味的极品花草茶。冬天来杯暖暖的，夏天来杯凉爽的，会有一种直接

在吸收维生素C的感觉。

9. 皇家泰勒的纯阿萨姆（Taylors of Harrogate-Pure Assam），想知道阿萨姆到底是什么味道，我推荐皇家泰勒的纯阿萨姆红茶。虽然也具有阿萨姆比较浓烈的那一面，但是与一般的阿萨姆相比，还是比较柔和的。

10. 川宁伯爵夫人茶（Twinings-Lady Grey）对不喜欢伯爵茶佛手柑香气的人们，我特别推荐这种茶。相信你会从川宁伯爵夫人茶开始，喜欢上佛手柑的香味。

茶贴士06

为制作奶茶而推荐的茶

  英式早茶，阿萨姆CTC，用阿萨姆还有锡兰等浓郁的茶制作奶茶的时候，会发现不一样的魅力。

  用接下来介绍的10种茶制成香甜而又丝滑的奶茶看看吧。

1. Aap Ki Passand 的阿萨姆CTC的价格一定会令你满意。如果喜欢浓浓的奶茶，强烈推荐这款茶。

2. 贝瑞金牌茶（Barry's-Gold Blend）有着醇正嫩滑的味道，魅力十足。用它制作的奶茶，无论何时都可以毫无负担地喝。

3. Bettynardi-Nut Cookie，在寒冷的日子里，喝一杯加入了桂皮香料的奶茶试吧。

4. 喜乐的 Sugar Cookie Sleigh Ride 是像插图一样可爱而讨人喜欢的茶。制成奶茶喝，真的不错。

5. 婚礼兄弟 - 皇家婚礼（Mariage Frères-Wedding Imperial），优雅的焦糖香味，使皇家婚礼红茶充满了魅力，用作纯红茶或是制成奶茶都是极品。

6. 山田诗子的Holy Milk Tea（Karel Capek-Holy Milk Tea）香喷喷的，非常吸引人，拥有着特殊的魅力，就像它的名字一样，能与牛奶完美搭配。是冬天必备的红茶。

7. 罗纳菲特的Irish Malt，与可可粉和威士忌搭配在一起口感绵柔，不妨试一试。

8. 皇家泰勒约克夏金茶（Taylors of Harrogate-Yorkshire Gold）作为奶茶的代名词，一点都不为过。约克夏金红茶有着优雅而又浓郁的味道，非常有魅力。用约克夏金茶制作的奶茶，无论是谁都会很喜欢。

9. 川宁格雷伯爵茶（Twinings-Earl Grey），一年四季都可以喝。可以用作纯红茶、奶茶、冰奶茶，以及冰红茶等的原料，可以称得上是八面玲珑的红茶。一定要尝一下用这种红茶制成的奶茶。

10. 阿克巴高山锡兰红茶（Akbar-Ceylon），物美价廉，味道浓郁，特别适合用于制作奶茶。

填满我的日常：茶生活

红茶是很特别的。不，红茶也没有什么特别的。

红茶在不知不觉中已成为我生活的一部分。

有了红茶，日常生活变得更加丰富多彩而馨香四溢。

01 | Everyday Tea每日红茶，与红茶分享的日常

如果有新的红茶产品上市，我一定要买来尝尝才会过瘾。每当这种时候，如果有一个很合得来的正好也喜欢红茶的朋友，就会跟我一起买来分着喝。为了迎接红茶新品，我一定要选一个幻想中的喝下午茶的地方，漂漂亮亮地布置一下，然后用照片与文字记录下来。

某一天，D小姐这样跟我说："令人开心而幸福的下午茶，不知从何时起，变成了一种负

担。想喝一次茶，要铺桌布，得布置得漂漂亮亮的，连照片也得必须拍……这些烦琐的环节，仿佛把痛痛快快的下午茶时光扰乱了。导致现在的茶，都已经堆积如山了。"有这种想法的人不止D小姐一个。下午茶，如果仅仅是为了给别人看，而变成一种很刻意的手段，是绝对感受不到它真正的乐趣的。我虽然一天会喝三四次下午茶，但是拍下照片，用来做纪念的也就只有一次而已。

为了纪念与红茶的日常，给大家推荐的是每日红茶（Everyday Tea）。无论什么时候喝都不会腻，很独特的茶；或者是特别喜欢的那些每日必备的茶，试着写一下

虽然对红茶的初印象是感觉苦苦的，但是静静地回味起来，心情也会变得很舒畅，不知不觉就沉醉在它的味道与香气中了。

它们的目录吧。不要写太多，也不要写太少，挑一些自己喜欢的红茶，作为每日红茶。每天喝下午茶的时候，忘掉诸如漂亮的布置啊、照片啊，还有各种记录等，只是静静地品味茶的味道，享受那段时光就好了。我的红茶目录中，有我非常喜欢的能够随喝随取的常备茶，如传统的茶中，有阿萨姆、锡兰与大吉岭，它们之间实现了理想中的和谐；法国品牌馥颂（Fauchon）的早茶（Morning），它开启了完美的一天；英国品牌 Fortnum & Mason 的皇家特调锡兰红茶（Royal Blend），是一种由阿萨姆和锡兰混合调配而成的红茶，将它制成奶茶也不错，但它那优雅而又非凡的气质，更适合直接享用。它受欢迎的程度，在早餐茶中是数一数二的，味道浓郁而柔滑，算得上是极品。前面介绍过的 Mariage 的早茶，虽然稍微加了点香精，但作为早茶，还是属于传统茶的。在美式、上海、法式、俄式早茶中，挑选想喝的茶，真的很有意思，这着实是一件令人愉快的事。此外，与下雨天很配的 Whittard of Chelsea 的祁门（Keemun），也因为具有不一样的魅力而深得我喜欢。

加香红茶的种类也是相当多的。日本品牌 Silver Pot 的 Maple Tea，在我喝过的枫叶加香茶中绝对算得上是最好的：将香甜而又醇正的枫叶茶含在嘴里的瞬间，全身酥酥麻麻的，真的很好喝。喜乐的香草榛子红茶与亚曼的薄荷柠檬茶，各具特色。在想喝咖啡的夜晚，可以来杯香草榛子茶；想与女儿一起享受快乐的下午茶时光的时候，不妨来一杯薄荷柠檬茶。Harney & Sons 的 Paris，与不知去往哪里、只是突然想离开的日子很配。川宁的格雷伯爵茶，可以让我们体验到传统格雷伯爵茶的味道。无论是当纯红茶，还是制成奶茶或是冰红茶都非常好喝的格雷伯爵茶，是绝对不能被落下的。最后就是茶包图案给我留下深刻印象的迪尔玛的焦糖茶，由于很容易买到又很好喝，所以我一直都保存着很多。

　　上面我介绍的茶，在家中常备四五种就可以了。无论什么时候喝，都会充满新鲜感而又不会腻烦。为自己准备华丽的下午茶是无可厚非的，但是，无论何时何地都可以舒舒服服又毫无压力地品尝下午茶，岂不是更好？大家可以选定一下每日红茶的目录，这样就可以每天都从容地享受舒服安静的下午茶时光了。在触手可及的地方，放上一个漂亮的篮子，然后在篮子里装上满满的茶包，也是一种不错的方法。

02 | Dilmah 迪尔玛的 Watte 系列，红酒般的红茶

像茶和咖啡一样，红酒也是我和丈夫经常喝的饮品。对本来就喜欢红酒的我来说，在家中喝红酒，不仅可以营造出隐隐约约不一样的气氛，还可以更随心所欲一点。虽然对酒不是很了解，但是打开红酒瓶时那一刹那的氛围，我非常喜欢。散文集《那天，像白苏维翁一般的午后》（白苏维翁：Sauvignon Blanc，葡萄酒的品种之一）中，有一句话我一直记得，就

是"红酒，无论何时，都如庆典般。"我和丈夫两个人都非常喜欢红酒带来的那种既兴奋又愉快的氛围。边说着"干杯"边发出酒杯间的碰撞声，还有被灯光照得透明发亮的红酒的色彩。每次转动酒杯的时候，红酒的味道与香气都会有所不同……

茶、红酒还有咖啡，如果对这三种饮品都有所接触，就会发现他们有一脉相通的地方。比如，与博若莱新酿葡萄酒（Beaujolais Nouveau）一样，大吉岭中会有第一泡茶的说法。红酒的酒庄不同，咖啡豆的产地不同，味道也会有所不同。茶也一样，受地区差异与其他多种因素的影响，味道与香气也不

想念红酒的日子，没有红酒的话，迪尔玛的Watte系列也是不错的。
辣酥酥的红酒香味与红茶的味道荡漾在嘴里，给人一种飘飘然的感觉。

一样。

大吉岭具有高贵的身价，被称为"红茶中的香槟"。红酒中能够体会到的麝香，在大吉岭中也可以表现出来。还有，斯里兰卡代表性的品牌迪尔玛中，就有与红酒很像的Watte系列，根据生长的海拔高度分为Yata Watte、Meda Watte、Uda Watte、Ran Watte，每种都拥有自己与众不同的特征。

在海拔600米以下的高地上出产的Yata Watte，与红酒中的赤霞珠（Cabernet Sauvignon）很像。可以从中感受到醇厚绵柔而又丰富的水果香味的Yata Watte，其汤色中也可以显现出浓郁和厚重。在海拔600~1000米处生长的Meda Watte，可以与西拉（Shiraz）相媲美，它稍微有点强烈，但是味道以绵柔醇正而居。在海拔1200~1500米处出产的Uda Watte，因味道与香气细腻而受到大家的喜爱，可以将它比喻为黑皮诺（Pinot Noir），有着干净醇正的水果味与花香味。在海拔1800米的高地上出产的Ran Watte，像香槟酒（Champagne），优雅而又绵柔，以浓浓的水果味为特色。

懂红酒的人们，如果喝迪尔玛的Watte系列，一定会拍着大腿惊奇于它的奇特。迪尔玛的Watte系列中的每一种茶，都完美地诠释了所对应红酒的魅力，这着实令人惊奇。就算是不喝酒的人，体验一下迪尔玛的Watte系列，也会为它而倾倒。当然，期待品尝到百分之百的红酒味道，是不现实的。但是，它们蕴含着红酒的特性，将红酒的韵味以不同的方式呈现了出来。

红酒中，我个人比较喜欢醇厚的赤霞珠。但是茶中我反倒倾向于像香槟酒一样的Ran Watte。从明亮清澈的汤色，到醇正醉人的味道，那份浓烈是从香槟酒中能感受到的，甚至略超出它。Watte系列能够作为某种尺度，界定我喜欢的茶的种类。比起醇厚浓郁，我更喜欢清香自然。所以，Ran Watte以它适度的绵柔感，成功地俘获了我的心。

迪尔玛的Watte系列，在韩国也可以轻而易举地买到，如果想验证随着海拔的不同，它的味道、香气还有汤色到底有什么不同，以及到底有多像红酒，那么一定要亲自尝尝，确认一下。拿起酒杯，发出碰杯的声音固然不错，但是茶杯相对而立，眼神碰撞的火花也着实很棒。在想念红酒的夜晚，尝一下与红酒很相像的迪尔玛的Watte系列，可能会有意外的惊喜。

03 | 英式奶茶的致命诱惑

喜欢奶茶的朋友们经常说，在韩国很难喝到正宗的奶茶。咖啡店里卖的奶茶太甜了，想自己做来喝，却不知道在哪里可以买到制作奶茶的红茶。一天，有朋友来我家里玩，我做了一杯正宗的"英式奶茶"来招待她。她一下子喝光了一满杯奶茶，连连感叹"在英国喝的奶茶就是这个味道"。

使红茶好喝的方法中，制成奶茶是其中之一。香喷喷的甜甜的奶茶，真的很惹人喜欢。在

冬天，我每天一定会喝一杯奶茶。为了找到最合口味的奶茶，我试了各种各样的方法，终于知道了制作奶茶的黄金法则。我在尝试了很多方法之后才发现，完美的奶茶做法其实很简单，又名1∶1法则，这个方法我在后文中会详细讲。

那么，用哪一种红茶会比较好呢？适合制作奶茶的红茶，如果一一列举，可能有数十种不止。所以，我只给大家介绍一下英国的"国民茶"经常使用的茶叶，那就是皇家泰勒约克夏金茶（Taylors of Harrogate-Yorkshire Gold）、贝瑞金牌茶（Barry's-Gold Blend），还有PG Tips。

约克夏金茶在韩国的红茶爱好者中是很受欢迎的，用它制作的奶茶，味道

跟红薯一样，馨香可口，绝对称得上是极品。论优雅的口感，没有哪种茶能够比得上约克夏金茶。作为知名的爱尔兰品牌，贝瑞金牌茶的醇正口感不得不提。PG Tips似乎处于这两种红茶之间，它的醇厚与浓郁恰到好处，而且口感丝滑。这三种茶都有着自己鲜明的特性，很适合做奶茶。我个人更喜欢约克夏金茶，特别是在寒冷的冬天，绝对不能没有它，喝一杯暖暖的约克夏金茶，真的很满足。用这三种茶制作奶茶，绝对不会失败。

奶茶的制作方法也相当简单。根据自己的口味，在马克杯中放入1~2个茶包（茶叶6克）。这三种茶都很浓郁，所以用一个茶包泡出来的茶，味道就足够厚重了，如果想要味道更浓一点，就放入两个茶包。然后在马克杯中倒入100毫升水，大约泡5分钟，保证每一滴茶都要被泡出来，使劲压一下茶包之后将其取出。将用微波炉加热好的100毫升牛奶倒进去，放入1茶匙砂糖，充分搅拌，就可以喝了。不要太担心量到底合不合适，最重要的是能够很熟练地制作。熟练了之后，稍稍动一下手，就可能会意外地泡出一杯非常好喝的奶茶。

因为是按照1：1的比例加入水和牛奶，所以我把它称为1：1法则。制作奶茶的时候，水和牛奶的比例是最重要的，当水和牛奶的量最接近1：1的时候，做出来的奶茶是最好喝的。这个方法可能会因为各人的口味不同而不太一样，希望每个人都可以找到符合自己口味的制作奶茶的黄金法则。虽然可以根据自己的口味来控制砂糖的量，但是不得不说的是，一定要加入适量的砂糖，才能去掉牛奶的腥味，才能使奶茶更加美味。即使讨厌砂糖，也要稍微放一点点。知道了制作奶茶的方法之后，不妨从皇家泰勒约克夏金茶、贝瑞金牌茶或者PG Tips中挑选一种来动手试试，一定不会失败。

嫩滑的牛奶与微微苦涩的红茶，不一样的味道与香气搭配在一起，制作出了最好喝的奶茶。

掌握制作奶茶的三个方法

如果觉得只喝红茶会有负担，不妨加点牛奶制成奶茶喝喝看。
无论是谁，都会迷上它那柔嫩香甜的味道。
向初次接触红茶的人们，特别推荐奶茶。

1. 皇家奶茶

皇家奶茶起源于日本。直接在锅里煮制的皇家奶茶，味道会更浓郁饱满，不妨在家里一试。

准备：茶叶8~10克，水150毫升，牛奶150毫升，方糖2块

※茶叶通常选用阿萨姆、锡兰、英式早茶。或者再加上圆圆的被晾干的阿萨姆CTC，一起泡制，这样泡出来的红茶会更浓郁，我喜欢用这样的方式泡出来的红茶。但是制作皇家奶茶时，在火上煮香气可能会散掉，这一点要特别留意一下。

泡茶：

① 准备好8~10克茶叶。如果没有过滤器，将茶叶放在茶包里备好待用。

② 在牛奶锅中倒入150毫升水，烧开后放入茶叶，然后换小火煮5分钟左右。由于茶叶在牛奶中不能被充分浸泡，所以在放入牛奶之前就要将茶叶充分泡好。

③ 加入150毫升牛奶，用小火煮。

④ 加入方糖，在还没有产生牛奶沫之前将火关掉。方糖的量可以根据自己的喜好进行增减。适量放入，可以去除牛奶的腥味。最后，用过滤器将茶叶过滤去掉，香喷喷的奶茶就完成了。

2. 叶茶奶茶

最近，由于叶茶也很容易买到，如果想喝稍微浓一点的奶茶，可以选择叶茶奶茶。

准备：茶叶5克，水100毫升，牛奶100毫升，方糖1块或者砂糖1茶匙

泡茶：

① 将茶叶放入茶壶中，如果没有过滤器，或者往外过滤很麻烦，可以使用茶包。向放入茶叶的茶壶中倒入热水，泡5分钟。

② 一定要挤压一下装有茶叶的茶包，才能将其取出，然后将加热后的牛奶倒进去。

③ 加入方糖或者砂糖，可以根据自己的喜好控制糖的量。如果不喜欢糖，也可以放入一点点盐，这样做出来的奶茶会更美味。

※ 什么样的茶叶都无所谓，散茶叶或者圆圆的CTC形态的茶叶都可以。

3. 茶包奶茶

忙的时候，如果想喝一杯暖暖的奶茶，用茶包也可以达成心愿。让我们来看看简单又好喝的茶包奶茶是怎么做出来的。

准备：约克夏金茶等每包4克的茶包1个（普通茶包2个），水100毫升，牛奶100毫升，砂糖1茶匙

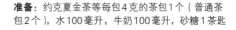

泡茶：

① 在马克杯中放入一个4克的茶包（普通茶包2个），倒入沸水100毫升。

② 泡大约5分钟。泡茶的过程中，将100毫升牛奶放入微波炉中加热。

③ 使劲挤压一下茶包。要将最后一滴茶也挤出来，因为最后一滴茶被称为Golden Drop。

④ 倒入已经加热好的牛奶，根据自己的喜好放入砂糖。

04 | 白茶，向需要减肥的人强烈推荐

　　曾经将哈尼桑尔丝（Harney & Sons）的Wedding Tea作为新婚礼物送给结婚的朋友。将茶放入像粉底盒一样小巧玲珑的茶盒中，精心打造成别致的礼物，几年之后，茶依然保存得很好。因为包装设计得很漂亮，所以真的不舍得喝。

　　哈尼桑尔丝（Harney & Sons）的Wedding Tea装在了漂亮的金字塔形丝绸茶包中，银色盒子看上去也很高级，作为礼物送人着实不错。茶的味道与香气都比较浓郁，而且包装也很养眼。如果在美国的哈尼桑尔丝购买，连新郎和新娘的名字也可以刻在盒子上。从它的名字

Wedding Tea 到它的装饰，无不显示出作为新婚礼物的特质。

随着对茶越来越关心，除了经常接触到的绿茶、红茶、花草茶外，我对乌龙茶中的普洱茶还有路易波士茶也越来越关注，它们中最有魅力的当属白茶了。提起白茶，可能也有摇头表示不知道的人，但是随着最近"白茶有利于减肥"的报道播出，白茶收获了很高的人气。虽然与绿茶还有红茶使用的都是同一种茶叶，但是白茶是将还带有白毛的嫩芽经长时间晒干后，稍加发酵而制成的茶。而且，白茶不仅具有普遍的抗氧化和防止老化的功效，与绿茶相比，由于加工的工序很少，它的抗癌效果也较好。而且经研究发现，它还能够促进脂肪细胞的分解，这对女人来说无疑是福音。在博客上，收到最多的提问就是"听说茶有利于减肥，哪种茶的效果会好一点呢？"我一般会毫不犹豫地给这些人推荐白茶。

像这样，随着对白茶越来越关心，白茶也越来越容易买到，除了前面介绍过的哈尼桑尔丝（Harney & Sons）的Wedding Tea外，给我留下深刻印象的还有包装上画有白虎图案的喜乐（Celestial Seasonings）的Imperial White Peach White Tea和Revolution的White Pear Tea。特别是价格相对合适的喜乐牌白茶，醇正而嫩滑，味道淡淡的，使人不会觉得腻烦，绝对是白茶中的精品。

白茶虽然对人体有很多好处，但是有一点是超乎我们意料的，就是它含有大量的咖啡因。这是因为从幼芽时期开始，为了保护自身不受害虫的侵害，植物内咖啡因与多酚的含量变高。虽然它的汤色很浅，感觉好像不会"暗藏"咖啡因，但是，如果你是比较敏感的人，那么在晚上还是不要喝白茶为好。

我常常惊叹，茶的种类竟如此之多。仅仅红茶就有数百数千种不止，如果再加上绿茶、乌龙茶、花草茶、路易波士茶、黑茶、白茶等，世界上存在的茶的种类何其之多，真的无法想象。更令我吃惊的是，即使是类似的茶，味道与香气也各不相同，各有千秋。在它们之中，红茶特别醇正清爽，有润喉的功效。无论喝多少都不会感觉苦涩，也不会觉得腻。白茶的天然减肥功效对身体健康有益，同时醇正的味道也称得上是一流。如果还没有喝过白茶，赶紧喝喝看吧。在喝上它的那一瞬间，也许就再也离不开它了。你会发觉，原来它就是你心目中的理想茶。一个月之后，你可能会发现，身材更加纤瘦的你，优雅品茶的模样真的很美。

05 | 冷冻，冷藏，
凉爽畅快地享受红茶

　　在炎热的夏天，喜欢红茶的我也很难喝得下热茶。就算安安静静地坐着，汗也会不停地流，所以，在炎热的夏天我会果断地放弃热茶，选择凉爽的冰红茶。喜欢冷饮的老公也是，夏天从公司下班回来，一进门先问："有冷饮吗？"给他一杯冷饮，他会咕嘟咕嘟一饮而尽。因此，一到夏天，我们家的冰箱里永远都会摆着满满的冷藏瓶。

　　"冷藏"是茶的爱好者之间经常使用的词。在玻璃瓶或者塑料瓶中放入适量的茶叶或茶包，再放入水，在冰箱里放置一天，茶会慢慢地浸出柔嫩而醇正的味道，凉爽又好喝的冰红茶就完成了。也许大家的喜好不太一样，但通常在500毫升水中放入3克茶叶或者一个茶包，就能泡出淡淡的不太浓的冰红茶。无论什么茶，放在冰箱里冷藏之后再喝，不仅可以解渴，对身体也有好处，可以说是一举两得。

　　冷藏的饮料全都喝完了，又着急需要冰红茶的时候，就可以使用冷冻的办法了。在100毫升水中放入2个茶包或者5克茶叶，与平时相比泡得稍微浓一点，将泡出来的茶迅速地倒入装满冰块的杯子里，使它变得清爽冰凉。这时候，冰块如果放得少，变凉的速度就会减慢，就会出现浑浊，所以一定要注意。因为是快速地将茶倒进去，所以，与冷藏相比味道可能会更苦更醇正。虽然市面上流行速溶冰红茶，但是用茶叶泡出浓浓的茶，然后再冷藏，制出来的冰红茶的口味可以随心选择，也更健康。特别是觉得速溶冰红茶太甜的人，亲自动手就可以品尝到清淡可口、醇正美味的"定制型"冰红茶了，若喜欢甜一点的味道，可以根据自己的喜好加点糖浆进去。

　　川宁的伯爵夫人茶（Lady Grey），清爽的佛手柑香味与橙子香味完美结合，冷藏喝真的不错。混合着满满的菠萝、木槿、水蜜桃等大块果肉，味道清新爽口的罗纳菲特（Ronnefeldt）的白桃红茶，是市面上现成的冰红茶所远远不及的。喜乐（Celestial Seasonings）的草本蓝莓水果茶与Tangerine Orange Zinger，以及Tropic of Strawberry等，与缇喀纳（Teekanne）的

甜蜜之吻（Sweet Kiss）一样，这些花草茶如果冷藏一下再喝，一定会更有感觉。包括又名三得利的Very Very Very红茶在内的Whittard of Chelsea的水果茶，因冷藏后十分美味而出名。亚曼的Lemon and Lime与迪尔玛的菠萝茶等，比较适合冷藏后喝，凉爽痛快。还有青葡萄与樱桃的加香茶，凉凉地喝上一杯，绝对让人大呼痛快。

热饮茶的种类就相当多了，如果再加上冷饮，到底会有多少种是很难预知的。我只能说，数量一定会多到让你震惊。热泡的时候，茶的味道与香气是不易散走的，但是经过冷藏后，会有一小部分茶的香气散发掉。

尽管如此，夏天还是喝冷藏茶吧。或者为了以备"想喝凉爽的饮料"的不时之需，现在马上在冰箱里放点吧。所以，无论是小小的果汁瓶还是细长的果酱瓶，抑或是琉璃瓶，我都会收集起来，用作冷藏茶的瓶子。为家人朋友制作简单的冷饮，让他们尝一下自己的手艺。只要用心，再加上有合口味的水果茶、花草茶以及红茶等，就可以在家里享受到咖啡店的氛围和待遇了。

在夏天，做一些能够让你变得凉快的冷饮吧。

茶贴士08

酸酸甜甜又凉爽的4种冷饮

1. 冰红茶

向那些想制作冰红茶，但是每次做出来的冰红茶都发涩的人们推荐这种方法。除了茶叶泡得比较慢，需要等的时间比较长这个缺点之外，这种方法制作出来的冰红茶还是相当完美的，凉爽又好喝。还有一大显著优点就是，咖啡因基本不会被泡出来。

制作：

① 准备好3~5克茶叶。

② 将茶叶放入容量为300毫升的玻璃瓶中待用。水烧开后放至常温，放入冰箱中冷藏10小时以上，然后倒入玻璃瓶中。茶叶泡好之后就可以喝了。

2. 红茶汽水

今年夏天，不妨挑战一下红茶汽水吧。特别简单，这是所有人都可以做的简单方便的"带汽"冷饮。

制作：

① 准备好6克茶叶。有果肉的水果茶和花草茶或是简易的茶包都可以。

② 为了使茶叶过滤的时候比较方便，将茶叶放在茶包里也不错，如果没有茶包，泡好后用过滤器过滤一下就可以了。

③ 500毫升装的汽水，喝一口之后将茶叶放进去。如果不先喝一口，使瓶子里空出一定的空间，那么茶叶与汽水反应可能会引发危险，所以一定要先喝一口。

④ 为了使气泡不消失，将汽水瓶倒置，放在冰箱里冷藏10小时以上，用过滤器将茶叶过滤出来之后就可以喝了。

3. 冰奶茶

嫩滑的牛奶与红茶相遇，会给人以不一样的味觉体验。

制作：

① 准备好5克茶叶。也可以使用混合了巧克力、焦糖、草莓等味道的加香红茶，它们与牛奶搭配，尤其美味。

② 在茶叶中倒入50毫升热水，泡5分钟左右。

③ 在空瓶中倒入250毫升牛奶，连同步骤2中泡好的茶叶，一起倒进去。

④ 在冰箱中冷藏10小时以上，将茶叶过滤出来之后，就可以喝了。

4. 樱桃可乐

甜甜的冒着气泡的可乐，与樱桃加香茶搭配在一起真的很有特色。在炎热的夏天，保证让你喝得凉爽畅快。

制作：

① 把樱桃加香茶与可乐混合后冷藏，简单的樱桃可乐就完成了。准备好6克茶叶。

② 为了方便捞出茶叶，可将茶叶装在茶包中。

③ 500毫升装的可乐，喝一口之后，将茶叶放进去。

④ 为了使气泡不消失，将汽水瓶倒置，放在冰箱里冷藏10小时以上就可以拿出来喝了。

06 | 巧克力薄荷茶的故事

　　夏天，我每天都要吃薄荷巧克力味的冰激凌，到了冬天，家里不能断的就是巧克力薄荷茶。如香蕉巧克力等巧克力加香茶，有新品上市的时候我一定不会错过，一定要买到尝尝。买蛋糕的时候，也经常会在芝士蛋糕与巧克力蛋糕之间犹豫不定，最终还是会选择巧克力蛋糕，我对巧克力的喜爱，由此可见一斑。在红茶中，既能品尝到巧克力味，又能品尝到薄荷味的茶，就是巧克力薄荷茶了。薄荷巧克力、巧克力薄荷等，虽然这些名字看上去不太一样，但是无论薄荷与巧克力怎样组合，对我而言，都是一样的。

　　以巧克力薄荷命名的茶，大部分都是薄荷味胜于巧克力味，给人以清爽的感觉。隐隐约约的巧克力香味稍微有一点的话，与纯薄荷茶就很容易区分了。虽然并不会期待巧克力薄荷茶中的巧克力味有多么突出，但是其巧克力与薄荷的搭配也算完美，与想象中的味道毫无偏差。

　　Kusmi的薄荷巧克力茶，加入了会在嘴里慢慢熔化的巧克力块和清爽的薄荷叶，与香甜的巧克力蛋糕搭配在一起，简直是天作之合。结婚纪念日的时候，老公准备的巧克力蛋糕还有Kusmi的薄荷巧克力茶，可以说是超有心的礼物。吃巧克力蛋糕的时候，我都会配上一杯薄荷巧克力茶，松软的巧克力蛋糕与清爽的薄荷巧克力茶，是那么美味。嫩滑而又馨香，魅力十足的Stash的巧克力薄荷乌龙茶，喝起来很独特。乌龙茶，毫无例外地拥有着红茶所具备的苦涩，但体现出的主要还是嫩滑而醇正的味道与香气。虽然薄荷香味比较浓烈，但是乌龙茶与巧克力薄荷的结合，是值得向每个人推荐的。因为很难遇到这种搭配的茶，所以有机会一定要亲自试一试。

　　圆圆的看上去十分可爱的阿萨姆CTC中，加入了满满的可可粉，与巧克力薄荷茶相比，味道更浓郁，因此与奶茶很配。在香甜的巧克力味中加入清爽的薄荷香味，让人产生一种强烈的、想吃巧克力薄荷蛋糕的感觉。其他的巧克力薄荷红茶，大多是不加牛奶而直接用纯红

巧克力薄荷茶、巧克力、巧克力松饼，梦幻般的组合。

茶制成的，而Sliver Pot茶，通常用作奶茶喝。加入1茶匙砂糖，会变得更甜一点，这样就可以再现巧克力薄荷茶的魅力了。

　　但是，如果要选出最好喝的巧克力薄荷茶，当属婚礼兄弟（Mariage Frères）与哈尼桑尔丝（Harney & Sons）了。婚礼兄弟让我对巧克力薄荷茶有了进一步的了解，它的口感嫩滑而优雅。婚礼兄弟所特有的优雅的香味，与巧克力薄荷相融合，不能再高端了。哈尼桑尔丝的巧克力薄荷，实现了巧克力与薄荷的完美搭配。正如前面所提到的，巧克力薄荷茶通常是薄荷味更浓烈一点，而哈尼桑尔丝的巧克力薄荷茶，却巧妙地令二者完美融合，没有两种味道的相互博弈，只会让你体会到和谐的美感。

　　除此之外，虽然还有很多其他的品牌也推出了巧克力薄荷茶，但我向大家推荐的都是我喝过的品牌。初次接触巧克力薄荷，也许会对其浓烈的薄荷味多少有些失望，但是若多喝几次，也许就会在无意之中发现它的魅力。如果想品尝香甜的巧克力薄荷味，就不要喝茶了，蛋糕和冰激凌是最好的选择。喝巧克力薄荷茶，目的在于体验它给人的畅快舒爽的感觉。如果硬要找寻浓甜的味道，也许就只能借助砂糖了，但是在我看来，就算不这样做，巧克力薄荷茶也还是魅力十足的。无论是温热的时候，还是冰凉的时候；无论是制成奶茶、搭配着可爱的茶壶，或者直接饮用，巧克力薄荷茶都会给你的生活增添美好的体验。

07 | 皇家玛丽娜（Marina de Bourbon），香水般的红茶

　　在日本的红茶中有一个品牌叫Marina de Bourbon，从名字中便可以感受到浪漫的法国气息。犹如这个牌子闻名世界的香水一般，它是由法国贵族的后裔Princess Marina de Bourbon创立的品牌。虽然不是正统的日本品牌，但是它扎根于日本并深受喜爱。

　　如香水般香甜、迷人而又美味的Marina de Bourbon，是由各种香料、花瓣、花草还有水果碎等混合制成的一种很特别的茶。它以象征一年12个月的"Monthly Tea"而闻名，但遗憾的是，这种茶已经停产了。在我还没有尝遍12个月的所有茶之前，就这样停产了，实在令人遗憾。

　　日本茶中还有加入了深红色的红花、蔚蓝色的矢车菊、五颜六色的星星糖的Sendai，像牛奶可乐味的棉花糖一样，可爱而又神秘。一种红茶，能够有这样的味道与香气，给人以如此独特的感觉，真的很令人震惊。加入了满满金黄色金盏花的Baiser，它的厚重而又不失活泼的佛手柑香，在空气中蔓延开来，持久而雅致。如同初恋时的春心萌动，Baiser与通常会在结婚典礼上演奏的Ludwing的小提琴协奏曲《春》，能完美契合。加入了爱尔兰威士忌（Irish whiskey）、奶油以及坚果类的Ambre，有着如宝石一样的名

字，外观似融化状，散发着甜甜的焦糖香味，绝对算得上是极品。散发出威士忌香味的茶叶，在泡过之后还是会有隐隐约约的余味，仿佛要沉醉其中不愿自拔。虽然此后又遇到过很多种威士忌加香红茶，但是像Ambre这样有魅力的茶，再也没有碰到过。

光是闻到Marina de Bourbon的香味，就可以使心情变得很愉快。你会沉醉于它的香味中，真正品尝之后，更是一种极致享受。

路易波士茶中加入了菠萝与西瓜的加香茶Porte，清新又独特。加入了柠檬草与奶油的加香茶Jurer，将清香的柠檬与甜甜的奶油巧妙地组合在一起，嫩滑而清爽。散发着优雅而醇正的樱桃香味的Ceries，再现了清香的青葡萄香味的Ciel d'azur，像这样的水果茶也有很多。特别是Ciel d'azur，就连用绿茶椑柿制成的汤色，也像清爽的青葡萄。

Marina de Bourbon则是以多种多样而又极具特色的混合物而自居的。它就是这么一种茶，你可能不会对它着迷，但却会因为它的独特而爱上它。比香水更香甜、更有魅力的Marina de Bourbon，每次喝的时候都会营造出开小派对的气氛。想一个人品味下午茶，就试一下玛丽娜的茶吧。闭上眼睛，静静地享受华丽的混合物融合在一起散发出的那种味道与香气，以及那种让你恍惚的感觉，难道还有比这更特别的茶吗？

08 | 曼斯纳（mlesna）的冰葡萄酒茶

　　我有一个滴酒不沾的朋友。并不是因为他不喜欢酒，而是哪怕只喝一口啤酒，也会迷迷糊糊醉上一阵，天生就是这样的体质。那个朋友的父亲也是，一辈子滴酒不沾。朋友们聚在一起时，在炎热的夏天里喝着冰爽的啤酒；吃着香气四溢的烤五花肉，来一杯烧酒；还有，下雨的日子里，吃着葱饼，喝着米酒……种种因为酒而充满乐趣的生活片段，朋友怎么会一点都不羡慕呢？

　　一天，朋友说要来家里玩，我就准备了酒杯和吃起来很方便的开胃小菜。朋友一到，我就从冰箱里拿出一瓶红酒，劝朋友先喝一杯。他一边问着"这是什么"，一边闻了闻它的味道，并再次强调"就算是酒精度数很低的葡萄酒也喝不了"。受到了断然拒绝之后，我仍劝朋友喝一口尝尝看。他脸上带着怀疑的表情，轻轻地抿了一口，不停地感叹着"这到底是什么"，然后一饮而尽了。劝朋友喝的饮品，不是别的，正是冰葡萄酒红茶。在以冰葡萄酒而闻名的加拿大，还盛产加入冰葡萄酒香味的红茶。以冰葡萄酒红茶而闻名的曼斯纳（mlesna），是斯里兰卡的一个很有名的品牌。冰葡萄酒红茶味道香甜，完美地再现了冰葡萄酒的味道。冷藏之后，冰冰凉凉地倒在酒杯里喝，气氛、味道还有香气，都堪比冰葡萄酒。

　　金光闪闪的汤色，与桃红葡萄酒很像。把酒杯凑到鼻子前，品味它的香气之后轻抿一口，在咽下去的那一瞬间，葡萄酒中时常感受到的青葡萄香与馨甜的花香相融合，在嘴中满满扩散开来。醇正而苦涩的红茶味道，越来越如红酒般轻柔醇香，久久回荡在嘴中。在经过喉咙的那一瞬间，会产生就像真的在喝葡萄酒一样的错觉。热饮固然不错，但是冷藏之后再喝，清爽畅快，让人能够感受到冰葡萄酒的风味。

　　有着丰富香甜水果香与花香的冰葡萄酒很难买到，所以一旦碰到，我就会买很多，存起来。买散装茶包，价格相对比较便宜，储存起来也比较方便。因其具有细腻的味道与香气，

用来代替冰葡萄酒能"以假乱真"。在价格上，也能胜于冰葡萄酒。

　　冰葡萄酒茶甜蜜而馨香，就算是不喜欢茶的人，也可以毫无负担地喝。如果想来一杯气泡冰葡萄酒，则可以混入汽水或者梨酒等，冷藏之后享用。特别是将冰葡萄酒茶加入冷藏的雪碧中，喝的时候能同时感受到它的甜味与气泡感，作为夏季饮品绝对够味。听说有人在特别想感受一下酒精味道的时候，会将冰葡萄酒茶加入烧酒中，冷藏之后饮用。不知怎么的，我感觉有点不可思议，甚至有点震惊，所以一直到现在都没敢尝试，不过这确实是很有意思的想法和做法。混入烧酒和苏打水，再冷藏饮用，可能会跟冰葡萄酒一模一样也说不定。

　　冰葡萄酒茶可以使我们享受到很多乐趣。尤其对像我朋友这种滴酒不沾的人来说，终于可以弥补无酒的遗憾了。虽然没有加入任何酒精，但是给人的感觉真的不亚于真的酒。从现在开始，在看到别人喝酒的时候，不要因为自己不能喝而觉得遗憾，一杯冰葡萄酒茶同样可以营造出"饮酒"的氛围。

你难道对茶包中散发出来的葡萄酒香气一点都不好奇吗？
那么，尝尝曼斯纳（mlesna）的冰葡萄酒茶吧。

09 | 一杯茶与阳台的魔法

　　家里最令我满意的地方，就是能从客厅阳台边看到窗外。在喧闹的市中心，虽然不及青山绿水那般宽广开阔，但多亏了窗外一览无余的风景，使我的心情变得畅快起来。特别是在黑暗笼罩的夜里，闪耀着美丽的灯光，照亮漆黑的夜，也照亮心灵那片宁静之海，使心情舒畅而平静起来。在飘着鹅毛大雪或是下着蒙蒙细雨的日子里，我肯定会泡上一杯热乎乎的茶，坐在阳台的茶桌旁，欣赏窗外的景色。即使在寒冷的冬天里冻得瑟瑟发抖，也一定会到阳台上裹着毛毯坐下来，喝上一杯浓香的茶。在喝上一口热茶的瞬间，身体也不知不觉地暖和起来了。

当寒冷的冬天或是嗓子干涩的换季期一到来，我肯定要准备几种茶，其中包括印度式奶茶Chai，它是将香料、茶叶、牛奶混合煮出来的。喝一杯浓香甜蜜的Chai，会因为其中加入了桂皮、丁香、小豆蔻、月桂树叶等时令香料，而使全身变得暖暖的。

这种茶具体的制作方法是在牛奶锅中加入捣碎的香料与水，开始加热，水开后放入茶叶，将茶水煮得浓浓的。茶煮好之后，倒入牛奶，在烧开之前关掉火，再将茶叶过滤出来就行了。根据自己的口味稍微放点糖，也是不错的。虽然不喜欢甜的饮品，但是还是比较倾向于在Chai中稍微放点糖。虽然要亲自动手会比较麻烦，但如果喝过亲手煮的Chai，还是会甘愿接受那种麻烦但乐趣十足的过程的。Chai那种奇妙而细腻的味道，很难用语言表达出来。听说在印度，用来盛Chai的一次性陶瓷杯，用过一次之后就会被摔碎丢掉。虽然没有亲自去尝过，但相信我在家亲手做的Chai，也丝毫不逊色。

Chai或料理中经常用到的香料，在梨泰院的杂货店里很容易见到，买上一袋就可以喝上一整个冬天。虽然很麻烦，但是亲自煮着喝的人也不在少数，如果实在觉得麻烦，可以用茶包或者买茶叶制成奶茶来喝。如果连这也觉得麻烦，那就买速溶的Chai茶吧。

韩国红茶品牌大吉岭（Darjeeling）的玛莎拉茶（Masala Chai）与Aap Ki Passand的玛莎拉茶，是Chai茶的代表。大吉岭的玛莎拉茶，加入了各种各样的香料，外表极具Chai茶的特色。如果想要更浓一点，可以稍微多加点香料，不加也已经足够浓郁了，可以感受到很正宗的Chai的味道。而Aap Ki Passand的玛莎拉茶，由于加入的香料是粉末状的，所以味道更浓郁，甚至有点刺鼻，所有香料的香味都会在嘴中蔓延开来。就算凑不齐这两种茶的香料，用茶粉制作也是很简单的。用阿瑞斯（Ares）的Bombay Chai茶粉，就可以很方便地完成。在牛奶中加入茶粉，搅拌至溶化，再用打泡器打出泡沫，非常美味的Chai就完成了。味道微甜而浓郁，还是相当不错的，不妨试试，喝过之后保证能令你满意。要想找比这更简单、更快捷的Chai茶的制作方法，恐怕很困难了吧。

在寒冷的冬天来一杯Chai，是一件多么幸福的事情啊。

在冬天，我早上、中午、晚上都会煮上一杯冒着腾腾热气的Chai。而在夏天，如果非常喜欢喝Chai，炎热也绝不是拒绝的理由。在大雨倾盆的日子里，一定会拿起牛奶锅煮点Chai，在短暂的凉爽中，享受一下与Chai相遇的乐趣。刺鼻的香料味沁入鼻尖，不知不觉会使心情变好。

因为无法每天都喝到，所以每当到了夏天，都会变得对适宜喝Chai的秋天与冬天格外期待。虽然喝着凉爽的饮品，在海边尽情戏水，享受日光浴很不错，但是我更喜欢能够尽情享受浓郁的Chai等温热茶饮的冬天。总之，无论是夏天还是冬天，只要在阳光明媚的阳台上有一杯Chai相伴，就如同拥有了全世界。

茶配方 07

格雷伯爵茶潘趣酒

炎热的夏天，尝一下有特色的凉爽的格雷伯爵茶潘趣酒吧。
不但制作简单，味道也相当不错，绝对魅力十足。

准 备 格雷伯爵茶5克，水100毫升，汽水100毫升，橙汁100毫升，柠檬汁少许

制 作 1. 在100毫升热水中将格雷伯爵茶浸泡4分钟。

2. 杯中盛上满满的冰块之后，将泡好的格雷伯爵茶快速地倒进去。

3. 倒入汽水和橙汁，再倒入少许柠檬汁充分搅拌。

4. 用柠檬片和薄荷叶装饰一下即可。

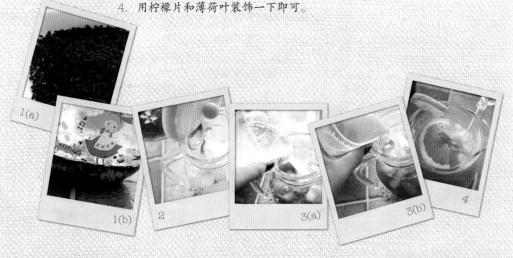

茶配方08

手工 Chai（一）

嗓子干涩或是有感冒预兆的时候，喝一杯Chai可以缓解身体不适，还会使心情变好。温热而又刺鼻的Chai，我们来动手制作看看吧。

准 备　茶叶7克，混合香料（桂皮、丁香、白豆蔻、胡椒）适量，月桂树叶2片，砂糖1茶匙，水120毫升，牛奶100毫升

制 作　1. 在牛奶锅中加入水和香料之后，开始煮。

2. 水开了之后放入茶叶，用小火煮5分钟左右。如果有Chai茶包，就不需要用混合香料了。

3. 将牛奶与砂糖倒入步骤2中，煮两分钟，然后搅拌均匀。

4. 水开了之后直接将火关掉。如果煮的时间太长，容易产生牛奶沫，所以一定要注意。将茶叶以及香料过滤出来后，倒入杯中，就完成了。

1　　2(a)　　2(b)　　3　　4

手工 Chai（二）

在寒冷的冬天，Chai可以使全身变暖。
在炎热的夏天，也可以试试凉爽的Chai。

准 备 阿克巴（Akbar）锡兰茶包3个，混合香料（桂皮、丁香、白豆蔻、胡椒）适量，月桂树叶2片，砂糖1茶匙，水120毫升，牛奶100毫升

制 作

1. 在牛奶锅中加入水和香料之后，开始煮。水开了之后放入茶包，换小火煮5分钟左右。如果有Chai茶包，用3个Chai茶包，混合香料就没必要用了。

2. 煮得浓郁之后加入砂糖，好好搅拌一下。

3. 向盛满冰块的杯中架上过滤网，将步骤2中的茶水倒入。加入牛奶，就完成了。

1   2   3(a)   3(b)

10 | 可爱的 Bigelow Tea，
想把它作为礼物

　　无论是包装还是味道都无比可爱——这就是让人爱不释手的美国品牌 Bigelow。它的每一种茶都会有相对应的小巧玲珑而又可爱无比的插画。不只是外包装，就连每一个茶包上都画着色彩艳丽、小巧玲珑的图画，光是看着它们，心情就会变得很好。不过，这个牌子可不是只为了让我们大饱眼福，它的每一种茶都特色鲜明，有自己独特的味道。

它的味道和香气是通过奇异的材料散发出来的，
这是让人获得与他人分享的幸福感的品牌。

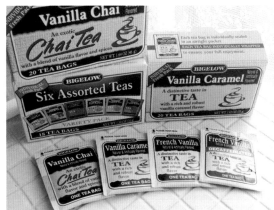

小巧玲珑的插画和鲜艳的包装极具魅力。

　　情人节礼物特别款Sweetheart Cinnamon还有White Chocolate Kisses，上面画着心形和嘴唇的图案，看起来幸福满满。Sweetheart Cinnamon上写着"香甜的苹果与花草茶的吻"这样的话语，给人一种甜蜜感。桂皮香料与苹果相遇，跟普通的花草茶不一样，甜度与香味都特别浓。

　　在茶包上画着心形与嘴唇图案的White Chocolate Kisses，能够让我们感受到香甜的巧克力香味，与其说是喝红茶，不如说有一种喝可可的感觉。由于加入了可可粉，甜甜的巧克力味在嘴中蔓延开来。如果制成奶茶喝，也许会更令人着迷。在牛奶中加入了浓浓的White Chocolate Kisses，喝上一口的感觉，与喝了热巧克力后的那种苦涩感很像。

　　在Bigelow品牌中，有很多很有趣的茶。因为鸡蛋酒而被熟知的，并根据蛋酒而制成的Eggnogg'n，事实上还是能够隐约感受到鸡蛋的腥味的。企鹅在雪中乘着雪橇的小巧玲珑的插画，更为Eggnogg'n增添了无限的乐趣。很适合在冬天喝的Pumpkin Spice，是一种加入了南瓜、桂皮香料与生姜的加香茶。除此之外，既像茶又像咖啡的French Vanilla，以及完美地表现出嫩滑的香草与热辣的Chai风味的Vanilla Chai，都是魅力十足的。

　　除了可爱而充满乐趣的茶之外，Bigelow中的传统红茶也很值得一提。特别是它的格雷伯爵茶，散发着丰富的佛手柑香味，我个人觉得，它可以算得上是格雷伯爵茶中的极品了。因为混有薄荷，所以对那些喜欢薄荷的人，我一定会强烈推荐这种茶。在清新而活泼的草绿色的茶包中，加入适量的薄荷，味道真的是再好不过了。对我而言，它是最好喝的薄荷茶。

　　除了喝，Bigelow对我来说还有欣赏和收集的价值，抑或是作为礼物送给朋友，都不错。把几个Bigelow茶包作为礼物送给不了解茶的朋友，一定会获得意料之外的反响：感叹于漂亮包装的同时，还会被它的味道感动。

11 | 红茶中的香槟，大吉岭的故事

　　大吉岭（Darjeeling）是最像葡萄酒的茶。根据茶园以及收获时间不同，它的味道和香气也会有所不同，最早收获的初摘茶，就像博若莱新酿葡萄酒（Beaujolais Nouveau）一样，十分珍贵。那样的大吉岭红茶，充满奥妙和魅力。

　　第一次喝大吉岭的时候，会产生"这到底是什么？真好喝"这样的疑问。我第一次喝的大吉岭是在茶包里的。但说实话，茶包红茶无法将大吉岭的奥妙之处淋漓尽致地表现出来。

不同时期收获的大吉岭，汤色是不一样的。
初摘茶虽然是红茶，但汤色却与绿茶极像。

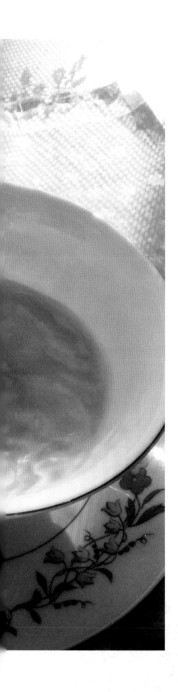

因为当时第一次喝，对大吉岭还一无所知，所以只感觉口感还不错。

大吉岭产于印度东北部喜马拉雅山脚下，与祁门、乌巴并称为世界三大红茶。大吉岭由于地域特性而带有麝香味，所以有"红茶中的香槟"之称，3~4月收获的茶是初摘茶（First Flush），5~6月收获的茶是次摘茶（Second Flush），秋天收获的茶是秋摘茶（Autumnal）。

初摘茶的茶叶是青绿色的，味道及香气与绿茶非常相似，醇正而柔嫩、清新而带有微微的苦涩，汤色呈淡绿色，泛着淡淡的橙光。次摘茶的茶叶是褐色的，比初摘茶更深更浓，并以浓郁显著的味道而著称。

再次见到大吉岭，还多亏了喜欢茶的邻居M小姐的分享。在大吉岭地区，登记的茶园有超过80个，邻居分享给我的正是Margaret's Hope茶园的大吉岭次摘茶。当时是我第一次接触到茶园大吉岭茶，真的无比感动，至今还记得开封时看到的如蕨菜般的大吉岭茶叶的模样。

带有丰富的花香与水果香的Margaret's Hope茶园的大吉岭充满魅力。在品尝过味道醇厚而华丽的Margaret's Hope茶园的次摘茶后，我对大吉岭的印象完全发生了改变。第一次喝的大吉岭茶包，是将大吉岭地区各种茶园的大吉岭混合起来制成的，由于将茶叶都打碎了，所以失去了原有的细腻感。事实上，品质好的大吉岭有很多。

值得一提的大吉岭茶园真的多不胜数：由于香味优雅而出名的Jungpana，伊丽莎白女王称赞过的Okayti，以培养有机茶而出名的Selimbong和Makaibari，玫瑰香味最纯正的Gopaldhara，略带妩媚感的Puttabong，被称为大吉岭最高峰的Gastleton等。

以专业水平分析和品尝大吉岭的邻居J小姐，让我尝到了茶园里的大吉岭在不同时期生产出来的各种各样的红茶。香味并不是另加进去的，而是茶叶自身所散发出来的，能让人感受到不同的味道与香气，真的不可思议。

想感受一下完美的茶叶味道的时候，不妨找一下茶园大吉岭。虽然想要把茶园的茶都买到很困难，但是一旦迈入大吉岭的世界，可能就会沉迷其中而无法自拔了。不管加香茶怎样精心调配，都比不上大吉岭那神秘的香味。无论是醇正而柔嫩的初摘茶，还是散发着浓郁麝香味的次摘茶，抑或是浓郁而充满魅力的秋摘茶，每一种茶都有让你陷入其中的魅力。虽然只有大吉岭这一个名字，但却拥有着千万张不同的面孔。若想进一步了解红茶，一定要尝一下大吉岭。

格雷伯爵茶果酱

可以夹到面包里，也可以加到红茶中。

格雷伯爵茶果酱，作为礼物送给朋友也不错，我们一起来做一下试试吧。

| 准　备 | 牛奶400毫升，生奶油200毫升，砂糖160毫升，格雷伯爵茶10克（成品果酱大约是350~400克的分量） |

制　作	1. 将牛奶、生奶油和砂糖放入锅中加热。煮好之后，充分搅拌。
	2. 放入茶叶，改用小火，边搅拌边煮10分钟左右，至变色为止。
	3. 将茶叶过滤出来，滤液转移到其他容器中。
	4. 用小火将步骤3中的滤液慢慢地边搅拌边熬40分钟至1小时。
	5. 熬好之后，将果酱盛到用热水消过毒的玻璃瓶中。要记住，果酱变凉就会变硬，凉下来之后放到冰箱里保存。

分享小小的幸福：茶之爱

茶包，茶盒……
在了解红茶之前，我还不知道这种小小的、可爱的幸福。
现在的我，完全抵御不住陷入亲手制作红茶的特别乐趣中。

01 | 收集红茶茶包与标签的乐趣

　　一次，一个杂志社的编辑联系到我，他们在我的博客上看到了收集茶包和茶桶的海报，正在做有关收集方面的采访，所以问我可不可以接受采访。因为是第一次进行杂志录影，所以我既期待又紧张地盼望着录影那一天的到来。幸运的是，在家中进行的录影很顺利，令我没想到的是，在可以做自己喜欢的事情的同时，还可以迈入新世界。

　　记者与摄影师来到我家之后，都被家中的混乱景象吓到了。我把所有的茶包和茶桶、茶杯和茶壶等与红茶有关的道具都翻了出来。从千余个不止的各种茶包，到收集的各种牌子

的茶桶，再到有着可爱漂亮的插画而不舍得扔的茶盒，还有我迷上古典工艺后开启收集之旅的茶杯，以及用茶包制成的剪报集……尤其是在小小的盒子里放得整整齐齐的茶包，拿出来一看，数量之多令人吃惊。来摄影的人们也都惊叹不已，甚至连我自己都有点不相信，居然收集了如此多的东西。

　　其实，我最初并没有想过收集茶包、标签还有茶杯等。当时只是因为感觉翻看不同国家、不同品牌的各式各样的茶包和标签是一件很有趣的事情。就算是名字相同，不同国家的茶包插画也是千差万别的，收集起来翻看是一件很神奇的事，就连挂在茶包口上的标签，也因为品牌不一样而

将茶包一个一个收集起来，就很有趣了，在未来的某一天再拿出来看，并且向身边的人分享当时的故事，更是令人期待。

各具特色，对待这种小细节都如此花心思，很令我惊叹。茶包用完之后，我总是会收集一两个标签，放在空瓶中，不知不觉中已装满了几个瓶子，把它们当成装饰摆件也很有趣。在透明的瓶子里混合着样式、大小和颜色各不相同的茶包标签，每当看到它们，会莫名感觉很奇妙、很充实。为了收集更多的标签，我曾经买过很多茶包。

因为特别喜欢格雷伯爵茶，所以光是格雷伯爵这一种茶，我就收集了各种品牌的茶包。不同品牌的茶包从材质到颜色、插画，都有着各自的特点。想想看，同一种格雷伯爵茶，居然有这么多不一样的面孔，真是趣味十足。

第一次准备冲泡茶包的时候，为了尽可能不留下痕迹，我在用小刀开封的时候特别小心谨慎。只把内容物小心翼翼地取出来，再在封口处精心地贴上剪贴画，然后保存起来。不知从何时起，我会将茶包分为品尝用和收集用，所以买的时候一定会至少买两个，一个用来尝一下味道，另一个就收集起来。收集用的红茶，我这一辈子都不会开封，想世世代代传下去。即使过期了也没关系，只要茶包是完整的就好。我怀着这样的心态，享受着红茶生活的

乐趣，算得上是一种小奢侈了吧。

　　这种小奢侈难道不值得一起分享吗？现在看到这些茶包，也会有一些小小的幻想，幻想着在女儿长大之后，我们两个面对面坐着，将收集的茶包一个一个地拿出来翻看，又亲昵地窃窃私语的场景，光是想想都觉得很幸福。说不定女儿将来也会与她的女儿一起度过这样的时光。对我而言，将虽然很小但却无比珍爱的东西一件一件地收集起来，是无比快乐的事情。虽然不知道这算不算是一件伟大的事，但是，如果我的收藏能够一直延续和传承下去，是多么有意义啊。

02 | 茶盒，享受小巧玲珑的红茶

　　"这是什么？真的好漂亮。是新出的粉盒吗？"看到这个的人，无论是谁都会有这样的反应。小巧玲珑的扁圆形茶盒，五颜六色又无比华丽。这些像女生的粉盒一样精致的小东西，就是茶盒。如果是哈尼桑尔丝的高级纱质茶包，一个茶盒能装3~5个。

　　盛红茶的铁桶，我们一般称为茶罐或是茶桶。事实上，像梦中的婚礼（Mariage）和馥颂之类看上去很高级的茶桶，或是像卡雷尔的小巧玲珑又可爱无比的插画茶桶，大家如果遇到，都会想买，这也是情理之中的。但是，如果茶桶体积太大，收集得过多难免会显得有点

想表达感谢的时候，不妨将小巧可爱的茶盒作为礼物。
收到它的人，心情一定会变得很好。

贪心，所以我一般会收集小一些的茶盒。我比较喜欢收集茶包和标签，我会一直忍住不买茶桶，取而代之的是一些价格低廉的收纳袋。最初的想法并不是为了收集茶，而是为了享受喝茶的乐趣，这个初衷是绝对不能丢的。

　　使我坚定的决心发生动摇的，不是别的，正是茶盒。放入3~5个纱质茶包是没有问题的，这样就可以品尝到各种不同的茶了。茶盒不占什么空间，而且外形设计看上去也很高级，我因此产生了收集茶盒的念头。这样在不知不觉中，我已经买了那么多各式各样的茶盒了。

　　在各式各样的茶盒中，我最喜欢的就是Wedding与Mother's Bouquet。Wedding银色的圆圆的茶盒上刻有很高级的婚纱纹饰，我之前也提到过，这样的茶盒当作礼物很不错，同时，小巧玲珑的茶盒也有很高的收藏价值。让我印象很深的是茶盒上的"A Tea for

Marriage"这句话。在醇正的白茶香中，点缀着淡淡的柠檬和香草的香气，茶叶之间混着红色的玫瑰花瓣，让我回想起婚礼的那种华丽感。

Mother's Bouquet是一种在黄春菊中加入了隐隐约约的橙子香味的茶。透过华丽的玫瑰花和矢车菊，以及黄色的黄春菊，可以感受到Mother's Bouquet的华丽感。Wedding就像刚进门的新娘，能带来惊艳和朝气，但与此相比，Mother's Bouquet带给我们的却是无限的优雅和亲切。把画着粉色花束的Mother's Bouquet的茶盒作为礼物送给妈妈，很不错。

看到圆圆的粉盒模样的茶盒，大家都会摇头表示不知道怎么打开它。使劲按一下茶盒的中间试试吧，这样盖子就会自动开了。这个方法既简单又巧妙，但是如果不知道的话，还是会使人略感惊慌失措的。这个有点神秘气息的盖子，也成为了它的一大魅力之处。打开盖子，犹如花朵盛开般的清香即会扑面而来。

茶盒可以作为礼物，送给想对之表达感谢之情的朋友，神秘而小巧的茶盒里，满满地装载着散发着香气的情感与故事。

03 茶杯收集，
一个一个集起来的乐趣

不知从何时起，每次到老公要送我礼物的时候，无论是生日、结婚纪念日，还是圣诞节，与嵌着华丽钻石的手链、昂贵的衣服及鞋子相比，我更希望能收到精致的茶杯和茶壶。在特殊的日子里，收到特殊的茶壶；抑或是用一个月努力工作的所得，换来一个已经心仪已久的茶杯，是多么有意义的事啊。与在服装店里购物相比，我逛古茶网店的时间变得越来越多了。

无论是在家里还是在办公室里喝茶，都需要合适的茶具。虽然用马克杯也可以充分享受喝茶的乐趣，但是对喝下午茶这种仪式，或者为了招待别人，合适的茶具是必不可少的。前面也提到过，我每天有一次机会去享受属于自己的下午茶时光。我招待自己的这段时间，虽然很短暂，但却很珍贵。正是在这段时间里，我可以以从容的心态去回望过去的自己，一天的压力也会得到缓解。

再好的东西也有过犹不及的烦恼，但是只要条件允许，我认为拥有自己的兴趣很有必要。小小的享受，也是人生的乐趣。除了下午茶，我还对有关茶的各种收集感兴趣，这给我带来了极大的满足感和幸福感。

不同的茶杯，会带来不一样的饮茶心情。

用古玩茶杯喝茶，不知不觉中开始倾听茶杯的故事。看着诉说着有趣回忆的漂亮茶杯，不知不觉地露出了微笑。

　　小巧玲珑而可爱的少女风Noritake茶杯，与之第一次接触就让我欲罢不能，也由此开启了我收集茶杯的旅程。清新而温暖的绿色Fporola和带有黄色偌大花纹图案的Zenflower，以及作为新郎专用，能让人感受到端庄文雅风韵的蓝色Orangerie……这些都是相当漂亮的茶杯。

　　非常有名的瓷器Blue Sorentino，从纹样和颜色入手，很容易就能认出来是日本瓷器；Wedgwood Psyche，如同这个名字一般，每次看到它都会为之着迷。像这样，迷上了收集茶杯的我，现在也完全爱上了古玩和复古风。

　　已经过去了十几年，到现在为止，如果看到被人珍藏了很久的又十分漂亮的古朴茶杯，我还是会不禁感叹，每一件都充满了魅力。例如曾经在妈妈以前经常出入的厨房里看到过的韦奇伍德的Lichfield和Hathaway；每一个看到的人都会连连发出感叹的Harlequin Ribbon & Rose；用蓝色来表现无限奥妙的Royal Doulton的Rose Elegans；盛上茶后会变得魅力无穷的Milk Glass Fireking；仅仅能够看到华丽花形图案的古玩Paragon的Flower Festival……

　　经历了漫长的岁月，茶杯中都保留着一些记忆。在那个记忆之上，还有我的记忆。静静地铺上桌布和茶杯垫，精心地煮上一壶茶。我们坐在桌边开始窃窃私语，讲着属于我们的故事，就像茶水从茶杯中渗出来一样，这些故事与记忆也刻在了上面。

茶贴士09

茶具&小物件

小物件

茶具

Missdal

因漂亮的厨房和生活用品而出名，当然也有很多小巧可爱的小物件。这是我经常逛的网店之一。

Countrynhouse

各种家装小物件应有尽有。进来过一次后就再也离不开它了。

Chomchom

在这里可以遇到各种物美价廉的商品。在其他地方找不到的很多复古小物件，在这里就可以找到。

Forhome

从厨房家居用品到穿搭用品，再到家装用品，各类商品应有尽有。而且经常会有一些优惠活动，所以一定要时刻关注，不要错过。

Veronicashop

这里会卖一些罕见的古玩或复古风茶杯，所以我经常光顾这里。由于包装非常精致，因此到手的茶杯从来没有碎过。

149

04 | 与众不同的咖啡红茶下午茶

我曾经一度狂迷现磨咖啡。因为很喜欢咖啡，所以就算是怀孕的时候，也会跑出家门去学习制作滴漏式咖啡。现在我家中，比起红茶道具，咖啡道具其实更多。从胶囊式咖啡机，到滴漏式工具、摩卡壶、虹吸管，还有我亲手制成的荷兰咖啡工具……我往往会根据心情来选择与之相配的咖啡和工具。

再怎么揉眼睛也很难清醒的早晨，选择用胶囊式咖啡机煮一杯浓浓的浓缩咖啡喝；想喝拿铁或是卡布奇诺的时候，就用摩卡壶煮一点浓缩咖啡，然后制作成自己想喝的口味；仲夏之时，可以在晚上提取一些咖啡因含量很少且无比凉爽的荷兰咖啡液，放在冰箱里；在下雨的日子里，肯定会喝带着漂亮酒精灯的虹吸管咖啡。

但是，我最常喝也是最喜欢喝的还是手工滴漏式咖啡。不光是我，老公也喜欢，他如果想喝滴漏式咖啡，会给我使眼色，并且说上一句"今天一定要喝上一杯醇正的咖啡才行啊。"我们对咖啡豆涉猎颇多，经常用的有耶加雪啡咖啡豆、坦桑尼亚咖啡豆、危地马拉原豆等，但是我们更喜欢像肯尼亚AA咖啡豆一样能够同时品尝到多个品种的咖啡豆品牌。出去散步，如果买

了刚炒出来的咖啡豆，回到家的第一件事当然是先做滴漏式咖啡。由于咖啡豆不同，以及做咖啡时心情与天气不同，做出来的咖啡也千差万别。那种新鲜感与多样化，真是好极了。

还有一种尝鲜方式，就是喝咖啡红茶（或者叫作红茶咖啡）。撕开茶包，小小的茶叶与刚炒出来的原豆混合在一起，这是用滴漏式方法做出来的。味道清新，可以称得上是极品的 Taylors of Harrogate 与以红薯般焦香气味而被大家熟知的耶加雪啡咖啡豆，都算得上是最好的了。选择味道与香气差不多的咖啡豆和茶，是很重要的。如果将个性特别明显的茶和咖啡豆配在一起，稍有不慎就会使两种味道都黯然失色。

红茶咖啡，在浓郁的咖啡香味中又加入了醇正而美妙的红茶味道，可以享受到红茶与咖啡碰撞后迸发出的新的魅力。虽然咖啡有自己的颜色，红茶也有自己的个性，但是将它们搭配在一起，就很难表现出各自的特色了。你尝到的并不是红茶与咖啡各自不同的味道，而是咖啡与红茶合在一起所产生的新味道。这种与众不同的尝试给我们的下午茶带来了无限乐趣，令我们很满足。

　　耶加雪啡与约克夏金茶相结合，做出的咖啡红茶更有滋味，香气也更丰富、更浓郁。这样一来，单一红茶或咖啡无法表现出的魅力，就可以在咖啡红茶中呈现出来了。当你略感失落的时候喝上一杯咖啡红茶，冷清的心会变得充实起来。

茶配方 11

焦糖奶茶

　　寒冷的冬天，我在Delmundo奶茶咖啡厅喝过焦糖奶茶，它的极致香甜感让我印象深刻。Delmundo的焦糖奶茶，在家也可以做。

准　备　英式早茶或阿萨姆等茶叶6克，砂糖2茶匙，水150毫升，牛奶150毫升

制　作

1. 在牛奶锅中放入砂糖，铺匀之后换小火加热，至砂糖完全溶化。注意不要搅拌砂糖，而是摇动牛奶锅使砂糖铺匀，待砂糖呈现出焦糖状时，就差不多了。

2. 砂糖成为焦糖，并且能闻到气味之后，就可以将150毫升牛奶倒进去了，然后换中火加热。加入凉牛奶后砂糖会变硬结块，但会马上化开，所以不用担心。

3. 将茶叶放入150毫升热水中浸泡3分钟，然后把泡好的茶叶和茶水一起倒进牛奶锅，加热2分钟左右，在沸腾之前关火。

4. 把茶叶过滤出来，滤液倒入杯中就完成了。

05 | 水果茶，夏季必备

就像冬天没有一天不喝白茶和Chai一样，夏天也会每天都喝水果茶。每到夏天，我家冰箱里的酸橙味和山莓味的冷饮是绝对不会少的，尤其是富含维生素C的清爽水果茶。

所谓水果茶，当然是以水果为主要原料制成的，有时候也会加入香草和花瓣等。比如有酸酸的味道与红红的汤色的木槿茶。除了像这样的水果茶，在红茶中加入水蜜桃、柠檬、酸橙、菠萝等水果而制成的水果味红茶，作冷饮也不错。

通常在制作冰红茶的时候，会先将茶泡好，再快速倒入装满冰块的杯中，使茶迅速冷却。但这种方法制成的茶，可能会发涩发苦，味道和香气也不太浓。如果能经过冷藏，那么茶的味道会变得更柔嫩更细腻，味道也会更清新。所以说，冷藏是一个很简单的优化冰红茶口感的方法。500毫升的水，放入1个茶包或者3~5克茶叶，在冰箱里放置一天后，将茶包或茶叶除去，就可以喝了。

如果厌倦了寡淡的矿泉水而想喝点带甜味的饮料，就可以冷藏茶汽水。散发着樱桃香味的绿碧茶园的樱桃红茶，是冰箱里的常客。500毫升汽水，喝过一口之后放入5克茶叶，盖上瓶盖后将瓶子倒置，放在冰箱里一天左右。为了防止茶叶与汽水起反应，最好先喝一口；为了使气泡不漏出来，将饮料瓶倒过来放置也很有必要。如果讨厌甜味，而只想要喝带汽的饮品，也可以把苏打水（如Whittard of Chelsea的Very Very Berry）做成冷饮来喝。也有些人将茶叶放入马格利酒或烧酒等含酒精的饮品中，这也是一种与众不同的尝试。

在夏天各式各样的水果茶和红茶中，最突出的就属Whittard of Chelsea的水果茶了。光是看到那么多大块的果肉，就喜欢得不得了。这种水果茶不添加人工香料，而是靠大

与大块的果肉、香草、花瓣等相搭配，制作好喝又清新的水果茶吧。

块的果肉散发出来的自然水果香提味，喝这样一种很健康的饮料，心情自然会很畅快。如果从Whittard of Chelsea的水果茶包中拿出几粒干水果碎放在嘴里咀嚼，也是很有意思的。

加入了葡萄汁、接骨木莓汁与黑加仑汁的Whittard of Chelsea的Very Very Berry，也称为三汁，酸酸甜甜的味道极其好喝，所以每个夏天来临的时候，它都会特别受欢迎。如果喜欢Cherry Coke，那么我推荐Wild Cherry。只看名字就能感受到满满樱桃香味的Wild Cherry，与可乐混合在一起冷藏味道也不错。就算是在咖啡店里买的Cherry Coke，在它面前恐怕也要甘拜下风。充满活力的Summer Strawberry，同样魅力十足。它能够使我们想起泡泡糖的香甜草莓味与酸酸的苹果味，在夏天怎么喝也喝不腻。Blueberry & Yorgurt与其他的水果茶稍有不同，它在香甜的酸奶香味中融入了酸酸的蓝莓与苹果香味，喝一口就会不自觉地露出满足的微笑。

炎热的夏天一到，所有人都想喝凉爽的饮料。尝尝加入了水果的水果茶吧，不但有益健康，而且味道也不错。能尽情享用酸酸甜甜的水果茶，这是夏天的一大乐趣所在。

06 | Whittard of Chelsea 的热巧克力，
冬日的浪漫

    在蒙着一层雾气的窗边坐下来，喝着冒着热气的热巧克力，是所有人梦想中的冬日浪漫。在浓香的热巧克力中再加几个白色的棉花糖，就更惬意了。在进入红茶世界之前，我在冬天经常喝的就是热巧克力。喝一杯浓郁而香甜的热巧克力，身体与内心都会变得暖暖的。

    在热巧克力中，或许还有一个你既没有听说过也没有见到过的新世界，在这个世界里，最具代表性的就是英国品牌Whittard of Chelsea了。各种各样的热巧克力总是诱惑着我。

    经常能看到的有焦糖热巧克力（Caramel Hot Chotolate），桂皮香料热巧克力（Cinnamon

寒冷的冬天，能喝上一杯暖暖的热巧克力，还有比这更幸福的事情吗?

Hot Chotolate），椰子热巧克力（Coconut Hot Chotolate），加入了黄春菊与蜂蜜、在冬天喝有益于睡眠的Dreamtime Hot Chotolate，以及缓解感冒症状最有效的充满生姜香味的Ginger Hot Chotolate等。

除此之外还有很多。以有机为特色的Fairtrade Organic Hot Chotolate和有着淡淡的甜味、口感像丝绸一样滑嫩的Luxury Hot Chotolate，还有主打低热量的Luxury Skinny Hot Chotolate。第一次看到Luxury Hot Chotolate这个名字，我还对其声称的"奢华的热巧克力"不以为然。待尝过之后，那种没有甜味而醇正浓郁的味道，真觉得很高级。

此外，还有适合在特殊的日子喝、味道清爽的薄荷热巧克力（Mint Hot Chotolate），橙香四溢的香橙热巧克力（Orange Hot Chotolate），只听名字就能感受到满满甜蜜感的Strawberry White Hot Chotolate和White Hot Chotolate。由于White Hot Chotolate是用可可粉和奶油制作而成的，很香甜很好喝，还不含咖啡因，所以如果对咖啡因敏感，就用White Hot Chotolate来满足一下自己的味蕾吧。

如果看过由朱丽叶·比诺什和约翰尼·德普主演的神秘电影《浓情巧克力》，一定会记得片中的这个情景：在巧克力中放入磨得很细的辣椒粉，喝上一口，就被辣得张不开嘴，或许你也想象得出那种感觉和味道。事实上，就算没有在热巧克力中加入辣椒粉，喝过Whittard of Chelsea的Aztec Chili Hot Chotolate的话，你也可以感受到那种刺激。加入辣酥酥味道的Aztec Chili Hot Chotolate，有着让你无法拒绝的魅力。

热巧克力的通常做法是在马克杯中倒入牛奶，在微波炉中加热之后，再将巧克力块放进去。我发掘的更好的方法，是利用牛奶锅。在牛奶锅中放入牛奶与巧克力块，边用小火加热边充分搅拌，在边缘产生气泡之前将火关掉。如果喜欢更嫩滑的味道，可以加入1茶匙生奶油。我在家里做热巧克力的秘诀就是牛奶锅。有很多人问我，在家里动手做热巧克力，要想比较好喝，选什么巧克力品牌？其实最重要的不在于巧克力的品牌，而是牛奶锅。如果不相信，今天就试试吧，不要再用微波炉制作热巧克力啦。

07 | 工艺茶，茶杯中开花

"哎呀，花怎么开得这么漂亮？红色的，黄色的，五颜六色的真好看！"

和长辈们相聚，饭后一定会招待他们品尝花茶。开着华丽花朵的中国工艺茶，给人们以无限的乐趣，无论是谁，都可以毫无负担地享用花茶。在细长的玻璃瓶或者茶壶中倒满水，放入圆圆的干工艺茶，随着浸泡时间越来越长，叶子也会慢慢地伸展开，漂亮的"花"就这样开了。

等待工艺茶的花朵慢慢绽放，也是它的一大魅力所在。

喝一口慢慢绽放开来的工艺茶，那一瞬间如同含着一朵花一样，香气萦绕。

因为工艺茶是一步一步亲手制作出来的，所以凝聚着大量的心血。隐藏在工艺茶内部的花，是费了很多心思制成的，因此会开得比较慢。大家都屏住呼吸，无限遐想着会开出什么样的花，真的很有趣。

终于，小小的叶子全都伸展开了，工艺茶有时开出来的是耀眼的红花，有时开出来的是干净纯洁的白花。但无论怎样，都能给人们带来幸福。

边欣赏着盛开的花，边喝着茶，这种体验有点与众不同。看着眼前刚盛开的花，人们的脸也如花般灿烂，欢笑畅谈，分享着自己的小故事。特别是时常严肃的长辈们，花茶的登场也使他们感受到了不一样的乐趣，从而发出由衷的笑声。花了很多心思制成的漂亮工艺茶，是能向人们传递快乐的法宝。

08 | 品茶，充分地品味红茶

随着慢慢地迷上红茶，我也正式开始关注上品茶了。就像葡萄酒中有品酒师，咖啡中有咖啡师一样，茶中当然也有品茶师了。这些人参与茶叶的制作过程及混合调配过程，运用长久以来积累的经验，发挥自己的技能，对制造出来的茶，无论是味道还是香气、品质，影响都很大。

美国品牌哈尼桑尔丝（Harney&Sons）的经营者Michael Harney所著的《The Harney&Sons Guide to Tea》，是我对品茶产生兴趣之后买的第一本书。作者在书的序言部分告诉读者，这本书能让人充分地认识茶。还补充说道，泡茶是需要心情愉悦的。这是多么简单而通俗易懂的话。

Michael Harney在书中重点讲述了充分泡茶、喝茶和品茶的方法。作者将茶分为白茶、中国绿茶、日本绿茶、乌龙茶、黄茶、中国红茶、普洱茶等，针对使用的水、温度、浸泡的时间、茶叶与泡出来的茶水的香气、茶的样子以及茶的味道等几个方面，详细地讲述了自己的准则，读者可以与自己的经验比较一下。

书中对茶的讲解，对刚接触品茶的人来说，可能会有很大的帮助。书中一些详细说明，如将绿茶细分为日本绿茶与中国绿茶，真的很有用。向对品茶感兴趣的人们，或者说虽然不感兴趣，但是想对茶有进一步了解的人们，强烈推荐这本书。不要忘记，泡好一杯茶，能使我们变得很开心，很幸福。

泡红茶的方法不同，味道也会不一样。这本书会告诉你其中的秘诀，挑战一下吧。

09 | 格雷伯爵茶，强烈香味的诱惑

"这是什么茶？有化妆品的味道。"

这是韩国电视剧《贤内助女王》中的女演员边喝着格雷伯爵茶，边说出的话。在这句台词中，能够看到我以前的身影——一边说着"因为它散发着化妆品的香气，所以我不喜欢"，一边一口回绝了。现在除了纯红茶，还有奶茶、冰红茶以及冰奶茶，都是我的爱。

因为具有强烈的佛手柑味道，所以很多人对格雷伯爵茶产生了抵抗心理。名字和茶包的包装漂亮而魅力十足，虽然很想尝尝，但是这种茶并没有想象中的那么容易亲近。也可能是因为我们的口味太挑剔了。提到格雷伯爵茶，我刚开始会摇头表示不喜欢，但是也不知道从何时起，我居然迷上了它。

格雷伯爵茶作为一种散发着佛手柑味道的红茶，获得了英国的表彰。它的创始人格雷伯爵在尝过中国的"正山小种"后，产生了制作出一模一样的茶的想法，格雷伯爵茶因此诞生，且随即风靡。由于各个公司生产的格雷伯爵茶中，佛手柑的比例不一样，所以味道也会

有所不同。哈尼桑尔丝（Harney&Sons）的格雷伯爵茶，佛手柑的味道有点淡，初次接触到这种茶的人会比较喜欢，而Bigelow的格雷伯爵茶，味道非常浓，比较适合喜欢喝格雷伯爵茶的人。

成为格雷伯爵茶的爱好者之后，我就想收集格雷伯爵茶包。在红茶中具有代表性的格雷伯爵茶，不同公司生产的茶包颜色和图案都会不一样，所以会刺激人的好奇心和收藏欲，自然而然就会开始收集各种格雷伯爵茶包。大部分格雷伯爵茶包都是灰色的，包括那些比较罕见的品牌，可能是因为Grey这个名字又有"灰色"之意吧。但是，即使都是灰色的，翻看颜色与图案不同的茶包，也让我饶有兴趣。我对格雷伯爵茶的喜爱会一直继续，对格雷伯爵茶包的收集，也不会停止。

最近尝过很多种格雷伯爵茶。Mariage Frères的Earl Grey French Blue中别出心裁地加入了蓝色的干花瓣，它的醇正优雅的香味，被很多人喜爱。最具代表性的加香茶Silver Pot系列中，向我们展示了格雷伯爵巧克力茶、格雷伯爵菠萝茶、格雷伯爵花束茶、格雷伯爵薄荷茶等各种各样的格雷伯爵茶。Breeze的Winter Earl Grey中加入了与名字中"Winter"很配的香橙、桂皮香料、丁香、黄春菊等，感觉与冬日的鹅毛大雪很相配。无论是只加入了佛手柑的比较纯的格雷伯爵茶，还是加入了各种香料的格雷伯爵茶，我都很喜欢。

茶配方 12

桂皮香料红茶拿铁

　　在嗓子干涩的换季期或寒冷的冬季，试试用浓浓的、辣酥酥的桂皮香料红茶拿铁开始一天的新旅程吧。

准 备 锡兰、英式早茶或者阿萨姆茶叶5克，桂皮香料1把，砂糖1茶匙，水150毫升，牛奶150毫升，搅拌器

制 作
1. 在牛奶锅中放入茶叶和桂皮香料（留一点装饰用），然后倒入水煮制。

2. 水开始沸腾的时候换小火，再煮3分钟以上。放入砂糖，搅拌均匀。

3. 将火关掉，将茶汤过滤到杯中。将牛奶放在微波炉中加热，用搅拌器搅拌出泡沫之后，也倒入杯中。

4. 将装饰用的桂皮香料磨成粉末，在泡沫表面撒上一层，就完成了。

10 | 瓷器茶杯，亲手制作的乐趣

这是一个小插曲。

我很喜欢亲手制作东西，经常做的是杯垫或者一些小物件，做完后我会自己留着或者分给关系比较好的朋友。

如果要我选择学习一项手艺，那必是制作瓷器无疑了。我曾经下过决心，某一天一定要用自己制作的茶杯和茶壶泡茶喝。在COEX召开的庆典上或者去咖啡厅的时候，每次看到亲手做的手工瓷器，我的心情都会很激动，好像能够感受到每一个茶杯上凝聚的心血与汗水。

陈列着很多瓷器的展台中，有一个最吸引我。从小巧玲珑的小物件开始，到很少看到的、模样很独特的茶杯和马克杯，还有无论装什么食物，都感觉会变得更好吃的碟子。一层层叠在一起的茶杯，向我们传达着不一样的乐趣。你在不知不觉中就会把手伸向散发着泥土气息、精致漂亮的茶杯。再加上店长亲切的微笑，使得这里显得更加温馨。

苦恼了好一会儿，我最后挑了3个茶杯。两个似同非同的，在颜色表现上很巧妙的情侣茶杯；还有一个是天蓝色的马克杯，特别好看，魅力难以抵挡。与它们在一起的下午茶时光，再舒适不过了。盛在充满泥土气息的茶杯中的茶，颜色亮丽而好看，我很喜欢。

在DODAM，感受手工制作的散发着泥土气息的茶杯。

　　在三清洞的一个咖啡厅里喝了一杯咖啡，出来的时候发现了DODAM的实体店，它是个令人很舒服很惬意的地方。此外，在这个地方喝茶，心里也会感到无比的温暖和满足。希望有一天，我们也能够在一间小小的房间里，制作属于自己的茶杯。

　　下面是另一个小插曲。

　　作为有一个3岁孩子的年轻夫妻，老公和我现在都憧憬着今后从容而自由的中年时光。等到年龄再大一点，就去安静的郊外盖一栋田园住宅，用农田里自己种的蔬菜做饭，建一个只属于我们两个人的酒吧，尽情享受葡萄酒的乐趣……光是想想就觉得幸福得不得了。这样的生活并不是梦，现实中有人实现了，那个人就是致力于陶艺的赵爱兰老师。

　　从手绘瓷器到手绘陶器，她样样精通，向我们展示了很多漂亮作品的赵爱兰老师，在2010年的手绘瓷器展览会中的陶器大赛上完美地展现了自我，获得了铜奖。

　　我偶然获得了一个可以欣赏她作品的机会，极其宝贵，所以从她初期的作品开始，再到最近的作品，我全部看了一遍，也拍了很多照片。无论是手绘瓷器还是陶器，每一件作品都令人惊叹不已。为了防止打碎作品，赵老师一边小心翼翼地给我们展示，一边耐心地进行讲解，她当时的模样给我留下了深刻的印象。首先映入眼帘的是画着鲜艳的红色花朵的Tea for One，做工精细，线条有力而华丽，实现了色彩的完美结合，也使我惊叹于手绘瓷器居然可以有如此的魅力。她略带羞涩地拿出她的第一件作品，是一个长长的马克杯，一个蓝色与大红色相搭配的很吸引眼球的茶杯，还有一个色彩与图画都清爽而有魅力的咖啡杯，最后是充满毕加索式奥妙感的茶壶。每一件作品，都深深地吸引着我。

　　粗大而漂亮的茶具套件、碗，还有使泡好的茶冷却的工具，做出来的模样与质感都是极

好的。她的作品，与其说是遥不可及的华丽感，不如说是触手可及的温暖。

　　我常常憧憬着在炙热的窑中，自己成为陶艺家的模样，用微笑拭去流淌的汗珠。旁边踏踏实实一起过日子的人生伴侣，正在叮叮当当地制作家具。想到这个场景，我的嘴角就会不自觉地露出微笑。

11 | 卡雷尔，小小的幸福法则

　　拥有少女心、小巧可爱的日本品牌卡雷尔（Karel Capek），因为各种漂亮的茶具和厨房用品、小物件等而被熟知。特别是玲珑可爱的红茶茶桶和茶包，那么小巧，那么可爱，是其他品牌的茶远远不及的。依靠独特的图案来刺激销售量，是卡雷尔的经营之术，它的魅力在于：使顾客们一边摇着头说不买，一边又被可爱漂亮的包装图案所吸引，而不知不觉地将那些层出不穷的新产品买回了家。

　　开创了红茶专卖店卡雷尔·恰佩克的山田诗子，也是童话故事绘本的作者。卡雷尔·恰佩克这个名字，是由捷克现代文学之父——作家恰佩克的名字引用而来的。卡雷尔特有的可

爱的插画，带给人重返童年般的感觉：喝着茶的兔子与蜜蜂，戴着小巧可爱的帽子的瓢虫，享受下午茶时光的猫咪一家……把这样的插画茶包拿来一个一个地看，很久之前甚至是已经遗忘的童年故事，会重新浮现在眼前。

卡雷尔·恰佩克（Karel Capek）

每当看到年年出新的卡雷尔漂亮的茶桶和各种限量款，我都会产生购买的冲动，但是若把每一个都集齐，恐怕一个房间都装不下。所以，割爱茶桶，我选择收集上面画着各种小巧可爱的图画的茶包，以慰藉自己遗憾的心情。

卡雷尔是很适合收藏的红茶。就算是同一种茶，也会因为插画不同而具有收藏价值。与把茶包撕开喝茶相比，就那样欣赏茶包上的插画，也不失为一种幸福。有朋友在卡雷尔买了两个新推出的茶桶，送给我作为生日礼物。如此实惠的东西，却能给人带来大大的幸福和满足。卡雷尔所用的山田诗子童话故事也是能给人带来小小幸福的秘诀之一。直到今天，我仍会时常想起卡雷尔插画所描绘的童话故事里的情景。

小巧可爱的插画，仿佛把我们带入了童话世界。

12 | Tea Forte，茶杯上盛开的嫩芽

茶杯上盛开了一片嫩绿的树叶，伸出手触摸它，仿佛能够感受到大自然。长长的金字塔形状设计，尾部挂着一片仿佛一触即落的小巧树叶，这就是 Tea Forte 的茶包。能给人以视觉享受的 Tea Forte 茶包，是一个一个纯手工制作而成的。丝绸材质的茶包，可以使水充分地渗透，茶包内部空间比较大，茶叶可以充分地浸泡，这也是它的一大优点。

Tea Forte 有红茶、玄米绿茶、玉竹茶等普通茶包，也有稍微高级一点很容易吸引我们视线的金字塔形丝绸茶包，以及在纱质形态的茶包中放入茶叶的薄纱织物茶包等，它的茶包种类多种多样，受众层次也较广，对实用性、审美性均有所考虑。金字塔顶上挂着的小巧可爱的树叶，给人一种新颖又清新的感觉，仿佛将自然装入了茶中，那种心情无法言喻。

我个人非常喜欢薄荷与巧克力，在比利时的时候，总是将薄荷味的甜品作为饭后甜点。从名字开始，再加上可爱的 CoCo Truffle，将茴香、甘草还有生姜独特的味道与巧克力融合，Tea Forte 的"金字塔"是一种魅力满分的茶。它的清爽树莓原汁，如果用来做冰激凌，也很不错。

我家的 Tea Forte 并不是随时随地都可以享受到的。招待重要的客人，或是在纪念日

嫩绿色的树叶使茶更加清新。

或节日里，才会拿出来。茶包上的嫩绿的树叶在阳光下闪闪发光，与Tea Forte在一起的下午茶时光，就像淡绿色的树叶一般，清新而充满朝气。

对咖啡因的误会与真相

　　"茶也像咖啡一样含有咖啡因，如果每天都喝，对身体会有害吗？"我收到过很多类似这样的提问。适量的咖啡因有很多好的功效，例如有利于缓解疲劳，使头脑清醒；利尿；强心等。但是如果过度摄入，也会导致失眠等不良反应。茶中确实含有咖啡因，但是茶与咖啡相比，其中的咖啡因不仅含量不一样，被人体吸收的程度也存在差异。

　　与咖啡不同的是，茶中还含有茶氨酸成分。茶氨酸不存在于其他食物中，但在茶，特别是绿茶中，含量很多，并以氨基酸的形态发挥着自己的功效，有着抑制咖啡因活性的作用。同时，由于茶叶中含有多酚，也能够抑制咖啡因的吸收，所以，喝茶实际摄入的咖啡因的量是相对较少的。而且，每一杯咖啡和茶中所含的咖啡因量，比较而言，咖啡中的含量远远超过了茶中的量，这是因为两者在冲泡时，溶解的咖啡因的量存在差异。

　　一般情况下，每天适量喝点茶是不会有太大问题的，但无论如何，要根据自己的身体情况饮用。

关于茶的各种用品

茶壶
用来泡茶的茶壶,主要用保温性能好的骨瓷或陶瓷制成。为了方便,有的茶壶里面设计了过滤网,但其实没有过滤网,茶叶才能充分浸泡,味道与香气才能充足散发。

茶具三件套
1人用茶壶与茶杯的组合。如果2人用,会有两个茶杯。

茶杯与茶托
红茶用茶杯,为了使饮茶者充分享受到茶的香味,杯沿设计得比较薄,而且微微展开,高度也比较低。

茶碗
像茶杯一样用来饮茶的盛器。

茶叶过滤器
将茶叶过滤出来的器具。

茶叶罐
用来装茶叶的茶桶。

茶匙和茶勺
用来舀茶叶的工具,通常能够盛3克茶叶。

沙漏/计时器
用来测量泡茶时间的工具。

茶包托盘
用来装浸泡过的茶包的托盘。

茶壶套
为了使茶壶中的茶保温而准备的
工具，使用茶壶套，保温30分钟
是没有问题的。

方糖碗
用来盛方糖的碗。

茶垫
垫在茶壶下面，保温的垫子。

茶杯垫
尤其是用马克杯泡茶的时候，将
其放在杯下，用来保温。

方糖夹子
用来夹方糖的夹子。

牛奶壶
装牛奶的工具。

蛋糕托盘/2层或3层托盘
为了装各种甜点而准备的托盘。

各种各样的茶包

1. 普通茶包
在商场或者超市里经常可以找到的独立包装茶包，通常装有1~2克茶叶。

2. 散包茶包
省略了单独外包装，仅有内容物的茶包。有圆形、正方形、金字塔形等各种各样的形状。由于省去了外包装，所以价格比较低廉，可以一次性买很多，这是它的一大优点。一般情况下，比普通茶包的容量要大一点。

3. 丝绸茶包（纱质茶包）
纱质茶包这个名称来自于法语，也叫丝绸茶包。丝绸茶包也有正方形、金字塔形等多种形状。一般情况下，像普通茶包一样，由于用整茶叶代替了碎茶，所以是比较高级的茶包。

4. Revolution Tea 茶包
美国品牌Revolution Tea的茶包，是将丝质茶包放入小盒子中具有特殊包装的茶包。

5. Mariage Frères 茶包
这是用薄纱制成的茶包，跟普通茶包一样，里面装的是整茶叶而不是碎茶。梦中的婚礼（Mariage Frères）和立顿的薄纱茶包是圆形的，而Kusmi Tea的薄纱茶包是正方形的。

6. Tea Forte 茶包
Tea Forte 茶包来自于美国品牌，为细长的金字塔形，为了使茶叶在茶包中能够充分浸泡而设计。

7. Ronnefeldt Leaf Cup 茶包
这是出自于德国品牌罗纳菲特的茶包，挂在马克杯上使用很方便，里面装的也是整茶叶。茶包的样子比较细长，这种茶包在 Tea Gschwendner 中也可以看到。

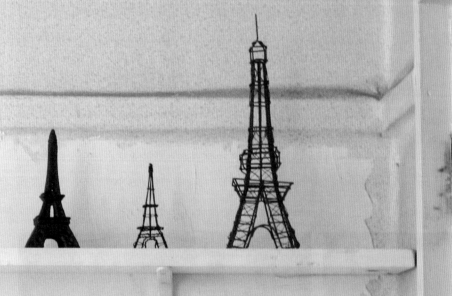

第五杯红茶

一场幸福的旅行：茶之旅

Eleplant Factory，Salvia茶馆，Ori Pekoe，Absinthe……
以红茶为伴，在更特别的空间里来一场旅行吧。
沉醉于清新的香气中，尽情享受一场说走就走的旅行。

01 | Farmer's Table，
可以品尝到 Harrods 的地方

　　我们经常带着女儿去坡州嗨里艺术村兜风。在那里，可以看到孩子们非常喜欢的《托马斯和他的朋友们》中的各种角色，还有各种玩具博物馆和体验馆等，简直可以说是孩子们的天堂。除此以外，这里还有一条很应景的林荫道，在林荫道上，可以一边欣赏各式各样的咖啡厅，一边散步，颇具趣味。与女儿体验完各种玩具，沿着这条路散步，时而上下楼梯，真的很有意思。

　　在这里有一个名为 Farmer's Table 的西餐厅。它作为韩剧《花样男子》的拍摄地而出名，同时也有茶馆。寒冷的日子里，蜷缩着身子散了半天步，这时候来这里喝一杯热茶再合适不过了。来到首尔市外的嗨里艺术村，再尝尝这里的红茶，真的无比幸福。

　　与弘大和新村小巧的咖啡店不同，这里给人一种古典、颇为严肃的感觉，在这里可以品尝到英国传统红茶 Harrods 和斯里兰卡最有名的品牌迪尔玛。包括有名的 Harrods49 号、大吉

气氛古典而简约的Farmer's Table。

岭、阿萨姆等在内的传统茶，同时还有草莓、芒果、苹果、杏、树莓等各种加香茶。桌子小巧，布置得也简约，桌子中间准备了Tea Warmer。透明的玻璃茶壶和玻璃茶杯，虽然上面未刻有特别漂亮的纹样，但透过玻璃杯能够让我们欣赏到汤色，这真的很不错。在布置得很简约的桌子旁边是一个书架，摆着各种各样的书，可以尽情地拿来看，同时也可以欣赏到复古的茶杯与沙漏。

　　Farmer's Table茶馆，就像把英国上流社会贵妇的雅致房间原封不动地搬过来一样，很有氛围。虽然不能说有多么华丽，但是雅致而整洁，又不失古典魅力。在这里既可以喝到Harrods咖啡，又可以品尝到各种各样的红茶。

逛累的时候，如果想找个地方休息，就来Farmer's Table茶馆吧。一杯浓郁的红茶，就可以使你浑身都温暖起来。如果不喜欢红茶，还有花草茶、咖啡等可以选择，所以不用担心。因为去的是茶馆，所以还是要喝一杯热茶的。在英国，在疲倦的午后，人们为了赶走困意，或者为了能够更好地思考，就会喝上一杯下午茶。在这里，你可以如英国贵妇般享受下午茶，在安静的氛围中尽情享受午后时光。

02 | Park Hyatt The Lounge，慵懒午后的奢华下午茶

等女儿再长大一点，我想带着女儿边环游世界边享受各地的下午茶。

现在人们所向往的下午茶，到处都可以找到。但是，如果想喝地道的下午茶，一定要来这个地方看看。

在喧闹市中心的 Park Hyatt，有一个可以享受到安静和自由的地方：The Lounge，它位于 Park Hyatt 的最高层——24 层。尤其是在下午茶时间，知道 The Lounge 的人们都会蜂拥而至，纷纷来到这里享受下午茶时光。跟朋友们一起，享受悠闲的下午茶，是 Park Hyatt 的特色服务。

在The Lounge，每天2点半到5点半会提供下午茶套餐。光是看到3层托盘与银制食器，就觉得很有食欲。下午茶通常是从最下层的餐后甜点开始吃，一般是三明治。下午茶用的三明治通常是手指三明治，虽然不能说有多丰盛，但是吃起来很方便，手指三明治主要是由面包片夹上清脆的黄瓜制成的。所有的人在品尝过Park Hyatt的黄瓜三明治之后，都会惊叹于它的美味。清脆的黄瓜与松软的面包，还有厨师特别制作的饭后甜点，可以说是天作之合。第二层上一般是司康，刚烤出来的司康既好吃又好看，那香甜的味道是干裂的司康所比不上的。令人每吃上一口，都会赞叹不已。第三层是香甜的蛋糕，如此甜蜜的美味，在口中弥漫开，还有小巧可爱的马卡龙也无时无刻不在刺激着我们的味蕾。

在The Lounge中也会出售法国品牌Nina's的红茶。在暖暖的阳光的照射下，清香而高雅的Nina's的红茶，配上丰盛的餐后甜点，享受一次如英国贵妇般的下午茶时光吧。

三层托盘的下午茶套餐，丰盛而美味。与红茶搭配在一起，倘若作为一顿正餐，也毫不逊色。

03 | Café Spring，
愉快的一人时光

　　以后我如果装饰房子，Café Spring是我首选的参照样本：在咖啡厅的每个角落都摆放着清新的绿色植物。古典而简约的桌子、沙发、灯饰，还有小物件等，无不体现了主人独特的眼光。桌子与椅子很自然地组合在一起，真的很漂亮。从复古的家具中可以感受到岁月的痕迹与时光的厚度。某个角落里的长椅，种着绿色植物的白铁桶，甚至是盛水和玻璃杯的木托盘，无不如此。

　　一个人坐在二楼床边的凳子上，沐浴着从外边斜射进来的和煦的阳光，真想静静地读书啊。白色水泥墙复古做旧，仿佛置身于印象中的秘密联络基地。这个小小的房间，就像杂志中的一张照片，富于浪漫与情调，很适合一个人读书、品茶。

　　与喜欢各种文具的朋友一起发现的Café Spring，可以理解为"O-check"的咖啡厅兼商店。在一楼，可以看到各种各样的文具，让人忍不住尽情购买，整整齐齐摆放着的复古笔记

想独自一人享受自由时光的时候，不妨走进Café Spring，一定会让你心旷神怡，充满能量。

本、手册、作业本等，也与咖啡厅的氛围很好地结合在了一起。

这里有蜂蜜柠檬茶、红茶沙冰，以及直接煮出来的浓香奶茶等各种各样的茶和咖啡，也有新鲜的果汁与可以佐餐的食物。加入了大块柠檬的酸甜可口的蜂蜜柠檬茶，以及加入了香甜的糯米糕与红豆的红茶冰沙，都是这个地方的招牌餐品。

需要休息的时候，需要一个人独处的时候，想跟朋友随便找个地方坐下来聊天的时候，尽可以来到这里。无论是下雨的日子，还是微风轻扬的日子，拿起相机，寻觅到这里来。周末，与老公带上喜欢的书籍，带上电脑，在这里坐上一天。光听名字就如此美丽，像散发着春雨的香气般的Café Spring。无论何时，无论跟谁一起来，都不错。

茶配方 13

Tea Sangria

Sangria是用红酒或者白酒调成的鸡尾酒。
试试用青葡萄果汁和红茶代替白酒，制作无酒精的Tea Sangria吧。

准 备 英式早茶或者阿萨姆等浓郁的红茶5克，水
100毫升，青葡萄汁200毫升，葡萄5~6颗，
橙子适量

制 作 1. 准备好英式早茶、爱尔兰早茶或者阿萨
姆的茶叶。

2. 将茶叶放入热水中泡4分钟。

3. 将泡好的茶迅速倒进装满冰块的壶中。

4. 倒入青葡萄汁，充分搅拌。

5. 放入葡萄和橙子进行装饰，就完成了。

茶配方14

巧克力 Chai Tea

丝滑的牛奶，香甜的巧克力，再加上清香的茶叶，混合制成了巧克力 Chai Tea。
男女老少都可以毫无负担地饮用。

| 准 备 | 茶叶5克，水100毫升，牛奶150毫升，巧克力粉1茶匙，桂皮、丁香、月桂树叶等香料1把 |

| 制 作 |
1. 牛奶锅中加水煮沸。开始沸腾的时候加入茶叶和香料，换小火煮2分钟左右。

2. 将巧克力粉倒进锅中，充分搅拌。

3. 加入牛奶，用小火煮，边缘开始出现气泡的时候将火关掉。

4. 将茶叶过滤出来，滤液倒进马克杯中，就完成了。

茶贴士 13

多种多样的茶

　　同一种茶树的茶叶，根据发酵程度与制茶过程不同，成品可分为绿茶、白茶、黄茶、乌龙茶、红茶、黑茶等。

　　来自于同一种茶树上的六种茶，成为中国茶的分类基准。

　　除了由同一种茶树制成的6种茶，还有花草茶、路易波士茶、马黛茶等其他茶类。

来自于同一种茶树的六种茶

1. 绿茶
它属于未发酵茶，是用完全没经过发酵的茶叶制成的茶。这种茶是将摘下的茶叶直接进行加热，茶叶经过了抑制发酵和氧化的杀青过程。绿茶有抗癌与抗氧化的功效。

2. 白茶
大部分的白茶都是采摘带有茸毛的茶叶嫩芽，使之干燥后，经过轻微发酵制成的。白茶味道纯正，有减肥的功效，同时可以清肠胃。

3. 黄茶
作为轻发酵茶，黄茶经过了利用高温蒸汽使茶叶变成黄色的"闷黄"过程。它有着白茶的醇正，绿茶的清新，乌龙茶丰富的香气和红茶的浓郁。黄茶的茶叶与泡出来的汤色都是黄色的。

4. 乌龙茶
它属于发酵程度为15%~75%的半发酵茶，可以说位于绿茶与红茶之间，如果发酵度低一点，即与绿茶很相似；高一点，则与红茶很相似。乌龙茶的汤色虽然比较浅，但是茶叶的颜色却相当深，中国比较有名的乌龙茶有铁观音、凤凰单丛、东方美人茶等。乌龙茶有分解脂肪的功效，可以抑制肥胖。

5. 红茶
红茶属于发酵茶。之所以称其为红茶，是因为泡出来的汤色是红色的，但是在西方，由于茶叶是黑色的，所以被称为"Black Tea"。红茶中的蛋白质、无机物、维生素含量很丰富，由于含有咖啡因，因此有利尿的功效，而且有利于促进新陈代谢与脂肪分解。

6

6. 黑茶（普洱茶）
由于经过了抑制发酵的杀青过程，并在此基础上进行了进一步的发酵，因此黑茶被称为后发酵茶。由于经过了持续发酵，故黑茶有利于长期保存。黑茶虽然不全是普洱茶，但是我们所熟知的普洱茶，是黑茶的一种。黑茶有着泥土的香味，有利于降低胆固醇及清洁肠道。

其他种类的茶

1

2

3

5

1. 花草茶
是指使用我们熟知的薰衣草、迷迭香、薄荷、佛手柑、蜂花等的叶或者花制成的茶。薰衣草对治疗失眠有好处，迷迭香有利于缓解焦虑的情绪，薄荷可助消化和预防感冒，佛手柑对皮肤有好处，蜂花可以治疗消化不良，并且有镇定的功效。不同的花草有不同的功效，而且完全不含咖啡因。

2. 路易波士茶
是用南非共和国生长的被当地人称为"路易波士"的植物制成的茶。在南非共和国，路易波士茶常作为咖啡的代用品，用于制作奶茶、拿铁、冰红茶。它不含咖啡因，但是微微发苦，与其他的茶一样，有抗氧化的功效。

3. 马黛茶
马黛茶被称为神之茶，是产自阿根廷的南美传统茶。马黛茶有增强免疫力、防止老化、防止消化不良的功效，并有利于减肥。特别是与绿茶相比，它的咖啡因含量更低，而抗氧化的功效却更强。

4. 工艺茶
它具有工艺价值，主要是在绿茶中加入茉莉花香调制而成，用热水浸泡，会慢慢展开，就像开花一样，赏心悦目，一般招待客人的时候用。

红茶网店

随着红茶越来越受欢迎，卖红茶的网店也越来越多。
当实体店比较少的时候，可以通过网店买到各种各样的红茶。
网购方便又有趣，但要小心冲动消费哟。

有代表性的红茶网店

1. Alice Kitchen
除了各种红茶，还有小巧可爱的茶具与小物件。可以看到很多利用红茶与绿茶制作混合调配茶的茶配方。制作 Chai 所用的香料，可以在这里买到。

2. Sweet Teatime
可以看到各种各样的茶包采样器，可爱的茶具和小物件也很吸引人。

3. Teais
除了红茶，还出售白茶、路易波士茶、马黛茶和咖啡等。卖的是小众品牌的茶。

4. Caffe Museo
从刚炒出来的咖啡豆到各种咖啡器具和红茶，都有出售。种类多样，价格低廉。

茶贴士15

世界上具有代表性的红茶品牌

在这里，向初次接触红茶的人们介绍一下世界上比较有代表性的几个红茶品牌。

英国品牌

1. 川宁（Twinings）
世界上历史极为悠久的品牌之一。凭着浓郁的味道与香气，一直深受人们的喜爱。除了红茶，川宁的绿茶和花草茶等也很受欢迎。推荐的红茶有格雷伯爵茶、伯爵夫人茶、威尔士王子茶（Prince of Wales）。推荐的花草茶有草莓芒果茶。

2. Fortnum&Mason
拥有300年传统的英国代表性红茶品牌。以 Royal Blend、阿萨姆、格雷伯爵传统红茶等为大家所熟知，是一个比较传统的英国品牌。它的浓度与香味都别具魅力。

3. Harrods
作为百货商店而出名的 Harrods 已经有150年的传统了，它拥有各种类型的红茶。该品牌创立150周年的纪念茶49号，以及由阿萨姆、大吉岭、锡兰、Kenya 组成的14号，特别出名。

4. Whittard of Chelsea

不仅有红茶，还有咖啡、热巧克力、有机茶等各种各样的饮品，是一个多元化品牌。它的蜜桃茶与英式早茶最为有名，夏天的时候，水果茶最受欢迎。

5. 皇家泰勒（Taylors of Harrogate）

第一次品尝就能够感受到其绅士品格的品牌。其味道醇香的约克夏金红茶，是用来做奶茶的人气产品。比较想向大家推荐该品牌的阿萨姆和英式早茶。

6. 威基伍德（Wedgwood）

以瓷器最为有名的威基伍德中，Wild Strawberry和可爱的Teddy Bear茶最受欢迎。向大家推荐Fine Strawberry和Weekend Morning。

7. 亚曼（Ahmad）

英国比较大众化的品牌。不仅价格便宜，品质也很好。向大家推荐格雷伯爵茶、英式下午茶以及柠檬青柠茶等花草茶。

8. 立顿

以各种各样的冲泡茶而出名的品牌，成立于1910年，Yellow Lable最为有名。该品牌为红茶的大众化做出了突出的贡献。

法国品牌

1. Mariage Frères

由Henri Mariage与Edouard Mariage兄弟创立的茶品牌。Wedding Imperial与Marcopolo都是很受欢迎的加香茶。一定要尝一下早茶系列中的法式茶、美式茶、俄罗斯茶，还有上海早茶。除了红茶，还有各种绿茶。

2. Kusmi

华丽的包装与醇香的味道，构成了称得上极品的

Kusmi茶，它的矩形薄纱织物茶包最有名。

3. Dammann Frères

是世界上最早研发出加香茶的品牌，拥有悠久的历史。口感轻盈，味道醇正，推荐Jardin Bleu、Gout Russe、阿萨姆。

4. 馥颂

馥颂的苹果茶最有名。它的巧克力加香红茶味道也是一流的。

5. The O Dor

虽然品牌历史比较短，但是它对茶付出的热情与茶的品质，都不容小觑。红茶、绿茶、白茶、路易波士茶、乌龙茶等各种各样的茶，应有尽有。

6. Ninas

作为一个生产各种加香茶的品牌，拥有着700余种的加香茶。Je t'aime非常受欢迎，该品牌的茶有着美丽的名字与幻想中的味道。

7. Janat

以两只猫咪为主题诞生的茶品牌。包括草莓香的法式早茶在内，给人以可爱而轻巧的感觉，有各种各样的加香茶。

8. Marina de Bourbon

与Janat一样，虽然是法国红茶，却只在日本售卖。味道与香气都充满着法国气息，在很多地区都限量发售。

日本品牌

1. Silver Pot

如果是红茶爱好者，喝过一次Silver Pot就一定会感到震惊。它是一种混合调配茶，实际上就是加香茶，

是一个光看名字就有购买欲的品牌。因为经常限量发售，所以一上市就会被抢购一空，如果不时刻关注，很容易错过。除了加香茶，每年春天上市的茶园红茶也不错。

2. Lupicia
日本最大的茶品牌。除了红茶，还有绿茶、乌龙茶等，产品具有多元化的特点。可爱而小巧玲珑的茶桶，非常受欢迎。

3. 山田诗子（Karel Capek）
童话作家山田诗子创立的红茶品牌。根据不同的季节，茶桶上的图案也会有所变化，有利于刺激顾客们的购买欲。除了红茶，小巧玲珑的茶具与红茶小物件等，也很受欢迎。

4. Afternoon Tea
与茶相比，厨房用品和茶具更有名的品牌。

5. 日东红茶
在日本的商店里经常可以看到的大众红茶品牌。其中，皇家奶茶最多见。

6. 贝诺亚（Benoist）
日本电影《电车男》上映之后，为大家所熟知的红茶品牌。除了红茶，司康和果酱也很受欢迎。

7. Lawleys
一个比较女性化的无比优雅的品牌。以玫瑰花花纹为代表，除了红茶，茶具和小物件也很有名。

美国红茶

1. 哈尼桑尔丝（Harney & Sons）
以色彩柔和的系列茶包和茶盒广受欢迎的人气很高的品牌。味道醇正，非常好喝。无论何时，都可以毫无

负担地享用，味道与香气都魅力十足。

2. Stash
加香茶的种类多到令人吃惊的品牌。红茶与花草茶茶包的种类也非常多。

3. Bigelow
味道香醇的 Bigelow，红茶与花草茶的种类都很丰富。传统的红茶，味道浓郁，而加香茶的香味也不会过浓，对于初次接触红茶的人们，是个不错的选择。可爱的包装也很受欢迎。

4. Tazo Tea
在星巴克可以看到的 Tazo Tea，无论是茶包的颜色，还是醇正的味道，都很不错。Tazo 的 Chai Tea 味道绝佳，喝过一次就会印象深刻。

5. 喜乐（Celestial Seasonings）
喜乐品牌中各式各样的混合调配花草茶、红茶以及水果茶，都很受欢迎。可爱而漂亮的茶包图案也相当吸引人们的视线。画着熊图案的宁神安睡花草茶，人气很高。

6. Upton Tea
反映不同季节的大吉岭的品牌。除了红茶，还有绿茶、花草茶、乌龙茶等许多品种。

斯里兰卡品牌

1. Akbar
作为斯里兰卡最大的出口公司，产品的品质受到了全世界的肯定。如果想喝正宗的锡兰茶，一定要尝尝这个品牌。

2. 曼斯纳（Mlesna）
以充满香甜花香味的冰葡萄酒茶最为出名。还有各种各样的加香茶。

3. 迪尔玛（Dilmah）

作为斯里兰卡的代表红茶品牌，其醇香的味道与香气非常受欢迎。我经常向初次接触红茶的人们推荐迪尔玛的传统红茶。Watte系列与菠萝、香蕉等水果加香红茶都很受欢迎。

韩国品牌

1. Osulloc

韩国茶发展的里程碑，由太平洋创立的品牌。作为韩国知名的茶品牌，其制作工艺与发酵工艺都为大家所熟知。

2. Ares Tea

在韩国直接出售的本土品牌。以充满童话氛围的红茶茶桶及精选于祁门、云南、乌巴和努沃勒埃利那的上等茶叶为特色。也有一些罕见的花草茶、绿茶、普洱茶。

3. Darjeelian

除了摩卡玛祖卡等魅力十足的加香茶外，还有各种各样的茶园红茶。

4. Salvia Tearoom

对茶叶进行严格筛选，只选取质量好的。Sarubia茶房的茶，味道与名字同样美妙。除了红茶，还可以发现白茶、乌龙茶等中国茶的踪影。

5. Brise

除了红茶，还出售绿茶、花草茶等各种各样的混合调配茶。可以加入牛奶中饮用的Hoji Mix，人气很高。亮眼的红色茶桶也是人气商品。

PLEASE TEAR HERE

BIGELOW.

享受特别的下午茶：茶桌布置

明媚的春天，与可爱的孩子在一起的时光，
圣诞节……
无论何时，温热的红茶都可以填满时间与空间，滋润我们的生活。
随着气氛的变化，也会有不一样的心情，来布置一张特别的下午茶
茶桌吧。

01 | 圣诞节下午茶茶桌

　　有红色与绿色的碰撞，有好书与闪耀的灯光，还有美味的食物与家人的温暖……寒冷的冬天里，光彩梦幻的圣诞节是所有人都无比期待的节日。在红色的桌布和茶杯垫上，摆上手工制作的草垫或者小巧玲珑的小物件，圣诞气息即刻显现。如果再摆上几个小蜡烛，就更有气氛了。在小小的双层托盘上，用圣诞木偶代替茶壶来作为装饰很不错。还有沾满糖粉的德式圣诞蛋糕，也是必不可少的。

　　至于传统的圣诞茶，我推荐加入了桂皮等各种香料的Tayloys of Harrogate的Spised Christmas Tea。Mariage Frères的Noel加入了橙汁与香草，也可以营造出一种华丽的圣诞节气氛。还有加入了银色星星糖的Lupicia的White Christmas和散发着草莓香气的Carol，以及酸奶味十足的Jingle Bell，都是应时应景的圣诞茶。

02 | 为特别的日子而准备的白色下午茶茶桌

结婚纪念日、成人仪式、生日、新年……为特别的日子准备特别的下午茶，用白色茶桌试试吧：在白色的桌布上摆上白色的茶壶，还有白色的茶杯和碗。在白色的下午茶茶桌上，可以根据当天的主题点缀上一个另外的颜色，会使氛围更加迎合当时的心情。

在白色的糖罐中加入各种颜色的方糖，然后准备好粉色系的花束和点心。用上粉色的蝴蝶装饰也是一大关键，可以进一步营造可爱清新的氛围。在茶桌两边摆上烛台，会有派对的感觉。结婚纪念日或者情人节，可以准备哈尼桑尔丝的Wedding，银色的茶桶与茶桌的整体色调很搭配。

给人既成熟又可爱感觉的Nina's的Je T'aime，比较适合成人仪式；在清淡的大吉岭初摘茶中，添加了橙子、蜂蜜和生姜的Mariage Frères的Birthday Tea，当然与生日相适应；在白茶中加入了可可精油与玫瑰花瓣的Tavalon的Tropical peony，也很适合作为白色下午茶。

03 | 与恋人一起享受的浪漫下午茶
茶桌

　　庆祝纪念日，或者只是想与恋人共度浪漫的下午茶时光，就可以布置亮丽的粉色系下午茶茶桌。铺上粉色桌布，以华丽的玫瑰花作装饰，仅如此就已经无比浪漫了。

　　在茶桌上摆上几片玫瑰花瓣之后，再放上几个蜡烛，就更有氛围了。放上粉色系的茶杯、茶叶罐，还有茶包等，有粉色小物件的话也要摆上。用与恋人的合影作为装饰，茶桌就更有意义了。在黑板上写上恋人的名字或者想传达的话，也别具特色。我个人非常喜欢粉色系的茶桌布置，浪漫且少女心十足，大多数的下午茶，我都会选择粉色系的茶桌布置，只是每次都会把摆放的小物件稍作调整，但会保留粉色色调不变。

PLEASE TEAR HERE

BIGELOW®

Sweetheart Cinnamon

Herb Tea Kissed
with Sweet Apple

No Caffeine

04 | 与家人们共享的
绿色乡村风下午茶茶桌

绿色乡村风下午茶茶桌是与家人们享受下午茶时光的好选择。铺上能营造出温暖氛围的亚麻桌布，准备好相同色系的桌垫和茶杯垫。清新的绿色盆栽，使得气氛更加柔和，再放上充满乡村气息的小物件作为装饰。画有草绿色树叶的茶包，也是绿色下午茶茶桌上必不可少的小物件。

有时候，只摆上与氛围很搭的画有插画的茶包，漂亮的下午茶茶桌就完成了。为了增加趣味性，点缀上清新自然的蓝色色调也很不错。刚烤出来的司康与瓶盖上印有格纹的Bonne Maman果酱是天生一对。为了营造氛围，别忘了复古收音机。在欢快的音乐与舒适的氛围中，与家人们共享下午茶时光，会更有感觉。

05 | 与春天相配的黄色下午茶茶桌

　　色彩明亮的黄色下午茶茶桌，与绿意盎然的春天很配。准备一束小巧可爱的黄色连翘，会使气氛很不一样。特意找黄色的茶杯可能有点难。瓷器上的花纹，也可以配合整个布置的色调。茶垫等小物件也要准备黄色的，透明的玻璃茶壶搭配上黄色的茶垫，是很用心的。

　　黄色系的茶包与茶桶也是必不可少的。再加上春花烂漫里拍摄的全家合影，只属于我的下午茶茶桌就完成了。红茶纵然不错，但来一杯与黄色的茶包相搭配的洋甘菊，如何呢？再将代表春天的可爱连翘摆在茶桌上，春天的香气扑面而来，仿佛在与春天畅饮。如果想转换一下心情，在灿烂的阳光下尝试一下黄色的下午茶吧。没有比这个更好的选择了。

06 | 与夏天相配的蓝色下午茶茶桌

喝红茶时，没必要非得把茶桌布置得多么优雅。充满清爽夏日气息的蓝色茶桌是一个不错的选择。看上去清爽十足的蓝色桌布是必备的。让人联想到度假海岸的游艇与海星等小巧玲珑的小物件，也摆上看看。就算喝的是温热的茶，也仿佛能听到清爽的波浪声。

将与蓝色下午茶茶桌相搭配的蓝色小物件随意地集中在一起：画着鸽子图案的蓝色茶包、蓝色的茶叶罐、画着清爽蓝莓的包装盒，都为下午茶增添了一份清爽感。为了使茶桌布置得更加优雅，再配上同色系的瓷器是最正确的。可能是蓝色有一种魔力，能够带走炎热吧。不要喝热茶，冰红茶会好一点。在茶杯里放上几个冰块，将刚泡好的茶水倒进去，立即就会变得凉爽。

07 | 与秋天相配的巧克力色下午茶茶桌

　　秋天是一个很有气氛的季节。用色调比较暖的巧克力色来布置茶桌试试吧。在巧克力色桌布上放上巧克力色的茶包。在温暖的色感中，再放上古典印章盒子和一个笔记本，会营造出比较感性的氛围。印有优雅图案的韦奇伍德瓷器中，有很适合秋天的茶杯。"人随季节走"，茶杯也一样。有在秋天经常用的茶杯，当然也有在整个秋天里一次都不会用到的茶杯。

　　系着格纹飘带的小巧玲珑的巧克力袋，以及与之相搭配的木质汤匙，都可以用来使整个茶桌更加充实。能够使身体和心灵都变得温暖的巧克力普洱茶和巧克力乌龙茶，很值得品尝。这就是充满温暖与甜蜜感的巧克力色下午茶茶桌。在这样的茶桌上，喝一杯暖暖的下午茶，秋天的萧条感也会在不知不觉中消失。

08 与冬天相配的温暖
古典风下午茶茶桌

我真的很喜欢"复古"这个词。这个词中蕴藏的温暖真的很棒。每到冬天，我都会选择一张手感与色彩都无比温暖的桌布，然后将与复古风相搭配的各种小物件都拿出来：邻居亲手缝制的冬天用杯垫，不是白色而是棕色的方糖，很有感觉的照片与贴纸，以及里面不知道放了什么却很有古典气质的木质盒子，与冬日下午茶很配的故事书，用毛毡制成的感觉很温暖的笔筒，以及用再生纸制成的铅笔，当然还有冒着热气的喷香的烤红薯，无论何时何地都无比可爱的小鹿斑比，以及几个葡萄酒瓶塞……印有藏青色与酒红色格纹的桌布，是冬天的常客。在这样的茶桌上，与其使用优雅的茶杯，不如用古典的马克杯更适合。寒冷的冬天里，有这样的下午茶茶桌相伴，温暖而幸福。

09 | 为迎接宝宝的诞生而布置的可爱温馨下午茶茶桌

marché marché

为即将分娩的朋友布置可爱的下午茶茶桌，很温馨吧？如果是女儿，布置成粉色，如果是儿子，就布置成蓝色，如果这两个颜色都不喜欢，也可以用黄色或者绿色。只要确定了颜色，下午茶茶桌布置起来就很简单了。铺上粉色的桌布，摆上粉色的茶杯与小物件，就完成了。漂亮的"BABY"字牌，还有朋友送的婴儿鞋子等婴儿用品，都拿出来，迎接宝宝的温馨氛围就立刻呈现了。为了欢迎即将出生的宝宝，需要准备可爱的卡片，将朋友们想对宝宝说的话写在上面。在这样的日子里，画着可爱插画的卡雷尔红茶当然必不可少。卡雷尔的Banana Tropical、焦糖茶等有趣的红茶，以及为孕妇准备的、不含咖啡因的路易波士茶和花草茶，都不要忘掉。

10 | 与朋友一起享受的轻松下午茶茶桌

　　与朋友一起享受的轻松下午茶茶桌布置中，可以活用一下乡村风小物件与用木头制成的小物件。原木托盘上摆着印有图案的茶壶与茶杯，小时候在奶奶家的厨房中见过的古典系茶杯，此时拿出来也很适合。在闲聊的时候，杂志与充分渲染清爽氛围的淡绿色盆栽，都是必不可少的。

　　在咖啡厅风格的托盘旁边，摆着小巧可爱的小物件，能够使朋友更好地享受这欢快的下午茶时光。能够活用家里的各种小物件，是最关键的。窗边摆着的埃菲尔铁塔铸件与手工编织的小篮子，不仅赏心悦目，还能为聊天提供不少话题。

11 | 为孩子布置的童趣下午茶茶桌

　　为了让孩子们也能够享受下午茶的欢乐，站在孩子的角度来布置茶桌，就显得很重要。首先铺上可爱的桌布，摆上孩子喜欢的茶具、点心以及小物件。甜品店里可以买到的小熊模样的面包、动物模样的曲奇，以及可爱的纸杯蛋糕，都可以同时满足孩子们的视觉与味觉需求。为孩子们准备简单的居家下午茶的时候，完全可以准备可爱的玩具，或者孩子们喜欢的托马斯、斑比等的小模型，这样也可以为孩子们的下午茶时光增添乐趣。在圆圆的三明治卷上插上小塑料模型，更能营造童话般的氛围，可以再配上卡雷尔的茶桶、蛋糕还有小熊模样的蜡烛。推荐不含咖啡因的路易波士茶和花草茶。亚曼的柠檬薄荷茶味道不是很强烈，孩子们会很喜欢。罗纳菲特的热巧克力路易波士茶香甜而浓郁，用来做奶茶也是很好的选择。

12 活用玻璃茶具的 透明下午茶茶桌

虽然画有漂亮图案的瓷器很好看，但是有时候会突然想隔着玻璃茶杯看茶水的颜色。用透明的茶壶和茶杯泡茶，观察汤色随时间的延长而逐渐变深是很有意思的。无论是红茶、绿茶或是乌龙茶，每一种茶都有自己独特的汤色，观察各式各样的茶的汤色，也不失为一种乐趣。在干净的白色瓷砖图案桌布上面，摆上盛着水生植物的玻璃杯。如果觉得透明玻璃太单调，也可以用稍微带点颜色的玻璃瓶。装着花花绿绿彩色铅笔的玻璃瓶，也会为素雅的茶桌增添一抹色彩。与茶桌的色调很搭配的照片、贴纸和明信片等，摆在茶桌上面也不失为极好的小物件。与透明感相呼应的玻璃瓶照片，进一步营造了氛围。

今天也感受一下红茶的魔法吧。

红茶小时光